贪婪的 多巴胺

[美] 丹尼尔·利伯曼

迈克尔·E.朗 ——

著

郑李垚 ——

译

中信出版集团 | 北京

图书在版编目（CIP）数据

贪婪的多巴胺 /（美）丹尼尔·利伯曼，（美）迈克尔·E. 朗著；郑李垚译 . —北京：中信出版社，2021.9（2025.1重印）

书名原文：The Molecule of More: How a Single Chemical in Your Brain Drives Love, Sex, and Creativity—and Will Determine the Fate of the Human Race

ISBN 978-7-5217-3158-3

I.①贪…　II.①丹…②迈…③郑…　III.①多巴胺－普及读物　IV.① Q422-49

中国版本图书馆 CIP 数据核字（2021）第 099881 号

贪婪的多巴胺

著者： 　[美]丹尼尔·利伯曼　[美]迈克尔·E. 朗
译者： 　郑李垚
策划推广：中信出版社（China CITIC Press）
出版发行：中信出版集团股份有限公司
　　　　　（北京市朝阳区东三环北路 27 号嘉铭中心　邮编　100020）
承印者： 　北京通州皇家印刷厂

开本：880mm×1230mm 1/32　　印张：8.5　　字数：156 千字
版次：2021 年 9 月第 1 版　　　印次：2025 年 1 月第 32 次印刷
京权图字：01-2020-3318　　　　书号：ISBN 978-7-5217-3158-3
　　　　　　　　　　定价：59.00 元

献给萨姆和扎克，
他们让我睁开眼睛，以新的方式看世界。
—— 丹尼尔·利伯曼 ——

×

献给父亲，
即使别人不愿意听，他也讲个不停；
也献给肯特，
正当一切变得有趣时，他却离开了。
—— 迈克尔·朗 ——

目 录

起初，神创造天地。

前言

✕

抬起头，向上看

✕

低头向下看，你看到了什么？你的手，桌子，地板，也许还有一杯咖啡、一台笔记本电脑，或者一张报纸。它们有什么共同点？这些东西你都可以触碰到。当你向下看的时候，你看到的东西都是你够得着、可以控制的东西，你用不着计划、努力或思考也可以移动和操控它们。无论它是你工作挣来的、他人赠予的，还是因为运气好得到的，你低头时看到的大部分东西都是你的，是你拥有的。

现在抬头向上看，你看到了什么？天花板，墙上的图画，或者是窗外的东西：树木、房屋、建筑物和天空中的云彩，以及远处的事物。它们有什么共同点？要触碰它们，你必须计划、思考和计算，需要花点儿精力来协调，即使只是一点点。与我们向下看到的东西不同，上方的东西是我们必须思考和付出一定的努力才能得到的。

这个区分听起来很简单，事实上也不难。然而，对大脑来说，这个区别是一道分界线，它的两边是两种差别极大的思维方式，这也代表着两种截然不同的应对世界的方式。在你的大脑中，"向下"的世界由一些被称为神经递质的化学物质所控制，它们让你体验满足感，享受你当下拥有的一切。但当你把注意力转到"向上"的世界时，你的大脑则依赖另一种化学物质——一个单一的分子，它不仅让你突破指尖所指的领域，而且激励你去追求、控制、拥有你无法即刻抓取的世界。它驱使你去寻找遥远的东西，不仅包括物质的东西，也包括看不见的东西，比如知识、爱和影响力。无论是去拿桌子对面的盐瓶，坐宇宙飞船飞向月球，还是敬拜超越时空的神，这种化学物质都能跨越地理上或想象中的距离，给我们下达指令。

我们把"向下"的化学物质称为"当下神经递质"，它们能让你体验眼前的一切，让你立即品尝和享受，或者做出战斗或逃跑的反应。"向上"的化学物质则不同，它让你去渴望你没有的东西，并驱使你去寻找新的东西。你服从它，它就会奖励你；你不服从它，它就会让你痛苦。它是创造力的源泉，甚至是疯狂的源泉；它是上瘾的关键因素，也是康复的途径；它让雄心勃勃的管理者不惜一切代价去追求成功，让成功的演员、企业家和艺术家在拥有了梦想中的金钱和名望之后，还会继续工作很长一段时间；它使得生活美满的丈夫或妻子不顾一切地寻找婚外的刺激。它是一种无可否认的欲望的源泉，这种欲望驱使科学家去寻找解释，驱使哲学家去寻找秩序、理由和意义。

正因如此，我们仰望天空寻求救赎；也正因如此，天堂在上，地球在下。它是我们梦想发动机的燃料，也是我们失败后会绝望的原因。它是我们不停探索和成功的原因，也是我们有所发现和生活富足的原因。

它也是我们不会一直很快乐的原因。

对你的大脑来说，这种单一的分子是一种超级多用途设备，通过成千上万个神经化学过程，促使我们获得超脱的愉悦，去探索我们想象中各种各样可能出现的宇宙。哺乳动物、爬行动物、鸟类和鱼类的大脑中都含有这种化学物质，但没有一种生物拥有的数量有人类这么多。这既是一种福报，也是一种诅咒；既是一种动力，也是一种奖励。它形式简单，包含碳、氢、氧三种元素，再加上一个氮原子，但产生的结果极为复杂。它就是多巴胺，一种讲述着整个人类行为的故事的分子。

如果你现在就想感受它，如果你想让它来掌控你，你可以这样做：

抬起头，向上看。

作者留言

我们在这本书里讲述了我们能找到的最有趣的科学实验结果。其中仍有一部分不是定论，特别是后面章节中的实验。此外，为了使材料更容易理解，我们大幅删减了一些地方。大脑非常复杂，即使是最老练的神经科学家也必须做一些简化，才能建立一个易被理解的大脑模型。此外，科学本就是混乱的。有时研究结果相互矛盾，我们就需要花时间来理清哪些结果是正确的。如果我们去仔细分析所有证据，读者可能很快就觉得乏味了，所以我们选择了一些关键的研究，它们已经以某种重要的方式影响了这个领域，并反映了科学共识，如果已达成共识的话。

科学不仅混乱，有时还很怪诞。科学家可能会用奇怪的方式去理解人类的行为，这与研究试管里的化学物质，或者研究活人身上的感染都不同。大脑研究人员必须找到在实验室环境中触发重要行为的方法，有时是由恐惧、贪婪或性欲等激情驱动的敏感行为。我们在书中尽可能地选择了突出这种怪异性的研究。

任何形式的人类研究都很棘手。这和临床护理不一样，在临床护理中，医生和病人的目标是治疗疾病。所以，他们会选择他们认为最有效的治疗方法，目标只有一个，就是让患者康复。

研究的目的则与此不同，它是为了回答科学问题。尽管科学家们总是努力将参与者的风险降到最低，但科学必须是第一位的。有时实验性的治疗可以挽救生命，但研究参与者通常也会面临在常规临床护理过程中不会出现的风险。

参与者通过自愿参与研究，牺牲了自己的安全，为其他人造福——如果研究成功，病人将享受更好的生活。就像一名消防员冲进燃烧的大楼去营救被困在里面的人，他选择了为了他人的利益而把自己置于危险之中。

当然，关键的因素是，研究参与者需要确切地知道他/她将要面对的是什么。这个过程叫作知情同意，通常会被写成一个冗长的文件，解释研究的目的，并列出参与的风险。知情同意已经形成了一个很好的系统，但不完美。参与者有时不会仔细阅读，特别是在这个文件很长的情况下。有时研究人员会故意忽略一些事情，因为欺骗也是研究的一个重要部分。但总的来说，科学家在研究人类行为的奥秘时，会尽最大努力确保参与者心甘情愿地成为合作伙伴。

爱是一种需求，一种渴望，是探寻生命中最大奖赏的驱动力。

——海伦·费希尔，生物人类学家

第 1 章

爱情

既得等待一生之人，为何蜜月不能长存？

我们将在本章探索那些驱使你做爱和坠入爱河的化学物质，

并回答为什么激情不会长久。

肖恩在蒸汽弥漫的浴室镜子上抹出一块清晰之处，用手指梳过黑色的头发，露出一个笑容。"应该可以了。"他自言自语道。

他解开毛巾并暗自欣赏自己平坦的腹部，他对健身的痴迷已经造就了四块腹肌。他的思绪陷入一个恼人的困扰：他从二月份开始就没和任何人约会过了。这意味着，他已经连续七个月零三天没有性生活了。意识到自己把时间记得这么清楚，让他更添一丝恼怒。今晚一定要结束这种状态，他心想。

他环视酒吧考察着各种可能性，但他也不是光看颜值。他当然怀念性生活，但他也想在生活中有人陪伴，有人聊天，有人能成为每天的期待。他觉得自己是个浪漫的人，但今晚只关乎性。

他与一名年轻的女子持续交流着眼神，她站在高吧台边一个话痨朋友旁。她长着乌黑亮丽的头发和棕色的眼睛，但他之所以注意到她，是因为她没有穿着通常的"周六夜制服"——她穿着平底鞋而不是高跟鞋，穿着李维斯牛仔裤而不是夜店服装。他做了自我介绍，对话顺畅地进行了下去。她叫萨曼莎，她讲的第一件事是她觉得做有氧运动比喝啤酒更加舒适。他们很快开始深入讨论附近的健身房、健身应用程序，以及上午锻炼跟下午锻炼相比有哪些好处。余下整夜他都围在她身边，而她也很快喜欢上了有他陪在身边。

许多因素使他们可能发展成为长期交往的关系：他们有共同的兴趣爱好、相处得来，酒精的作用，以及太久没有性生活的渴望。但这些都不是爱情真正的关键。最重要的因素在于：他们都处于一种能调控心智的化学物质的影响下，酒吧中的其他人也一样。

事实证明，你也如此。

不快乐的"快乐分子"

1957 年，凯瑟琳·蒙塔古（Kathleen Montagu）在大脑中发现了多巴胺，她是伦敦附近伦韦尔医院的一个实验室的研究员。一开始，研究人员认为多巴胺只用于产生去甲肾上腺素，去甲肾上腺素是在大脑中发现的一种肾上腺素。但随后科学家观察到了奇怪的事情：虽然只有 0.000 5%，即二十万分之一的脑细胞可以产生多巴胺，但这些细胞却能对行为产生巨大的影响。当参与者产生多巴胺时，他们能体验到快乐的感觉，因此他们会不遗余力地激活这些稀有的细胞。实际上在特定的情况下，激活让人"感觉良好"的多巴胺是人们无法抗拒的诱惑。一些科学家给多巴胺取名为"快乐分子"，大脑中产生多巴胺的途径被称为"奖赏回路"。

对吸毒者的实验进一步巩固了多巴胺作为快乐分子的声誉。

研究人员给他们注射了可卡因和放射性的糖①的混合物，这样科学家就能知道大脑中的哪个部位消耗的热量最多。当可卡因起作用时，参与者被询问他们感觉如何。研究人员发现，多巴胺奖赏回路的活性越高，他们的快感就越强烈。当大脑内的可卡因被清除干净后，多巴胺的活性降低，快感随之消失。另一些研究也得到了类似的结果，由此可以证实多巴胺是快乐分子的结论。

当其他研究者试图重复这些结果时，意料之外的事情发生了。研究者认为，多巴胺通路之所以被进化出来，肯定不是为了让人对毒品产生快感，而是毒品可能模拟了刺激产生多巴胺的机制。更有可能的情况是，多巴胺的产生受到了生存需求和繁衍活动的驱动。于是他们用食物代替可卡因，期望能看到相同的效应。但他们的发现让所有人都感到惊讶。这一发现开启了对多巴胺的探索历程，最终摘掉了它"快乐分子"的称号。

他们发现，多巴胺跟快乐一点儿关系都没有，但它的影响力比"快乐"要大得多。理解多巴胺的作用成为解释甚至预测一系列行为的关键，这些行为覆盖了人类事业中极其广泛的范围：创造艺术、文学和音乐，追求成功，发现新世界和自然界的新规律，思考上帝的存在，以及坠入爱河。

　　肖恩感觉自己恋爱了，他的不安全感消失殆尽，每天他都感觉自己即将迎接金色的未来。随着他与萨曼莎共处的时间越来越久，他对她的兴奋感也越来越强，每天都期待着跟她在一起。每个关于她的想法都有着无限可能性。至于性生

---

① 普通的糖没有放射性，放射性的糖是指使用放射性原子标记的糖类分子，利用其放射性可以追踪这些分子在体内的去向和分布。——译者注

活，他的性欲比以往任何时候都要强，但只对她一个人，他对其他女人都没什么兴趣了。更棒的是，当他向萨曼莎坦露所有这些幸福时，她打断了他，说她的感觉也一样。

肖恩想和她永远在一起，所以有一天他向她求婚了。她说，她愿意。

在他们蜜月之后的几个月，事情开始发生变化。一开始他们迷恋着对方，但过了一段时间之后，那种极度的渴望变得没那么强烈了。"只要在一起，一切皆有可能"的信念变得不那么确定，不那么强烈，也不再是一切的中心。他们的兴奋劲儿减弱了，并不是说不幸福，只是他们交往之初那种深深的满足感已悄然离去。具有无限可能性的感觉看起来已不切实际，对另一半频繁的思念已成过往。肖恩的目光开始朝向其他女人，虽然他并不是有意要出轨。萨曼莎有时也放纵自己眉来眼去，但不过是结账排队时与拎着一袋杂货的大学生相视一笑。

他们在一起时也很开心，但新生活初期的光彩开始褪色，感觉又回到了各自的老日子。不管爱情的魔力为何物，它正在消退。

"就像我上一段感情那样。"萨曼莎心想。

"爱过。"肖恩心想。

为什么爱情会消逝

在有些情况下，老鼠比人类更适合作为研究对象，科学家可以在老鼠身上做很多实验，不必担心研究伦理委员会找上门。为了验证食物和毒品都能刺激多巴胺产生的假设，科学家将电极直接植入老鼠的大脑，这样他们就能测量单个多巴胺神经元的活性。接着他们设计了一种带有倾斜食槽的笼子，可以往里放食物丸。结果正如他们所想，从他们放下第一个食物丸开始，老鼠们的多巴胺系统就启动了。成功了！像可卡因和毒品一样，自然奖赏也能刺激多巴胺的活动。

随后他们进行了原始实验者没有进行的步骤。他们仍旧每天往食槽里放入食物丸，接着监视老鼠大脑的变化，持续数天。结果完全出乎意料——老鼠仍旧像之前一样热情地把食物消灭了，显然它们在快乐地享用这些食物，但多巴胺的活动停止了。为什么持续的刺激让多巴胺熄火了呢？令人意想不到的是，一个关于猴子和电灯泡的实验揭示了其中的答案。

沃尔弗拉姆·舒尔茨（Wolfram Schultz）是多巴胺实验研究中最有影响力的先驱者之一。他在瑞士弗里堡大学任神经生理学教授期间对多巴胺在学习中的作用产生了兴趣。他把微电极植入猕猴大脑中多巴胺细胞聚集的地方，然后将猴子放入一个装置，其中有两个灯泡和两个盒子。每隔一段时间，就有一个灯泡会亮起，其中一个灯亮表示右边盒子里有食物丸，另一个灯亮表明食物丸在左边的盒子里。

猴子花了一些时间才找到这个规律。一开始它们会随机打开盒子，只在一半的情况下能够找对。当它们发现一个食物丸之后，它们大脑中的多巴胺细胞被激活，就像老鼠的情况一样。过了一段时间之后，猴子找出了信号的规律，每次都能准确找到有食物的盒子——到了这个阶段，多巴胺释放的时间点就从发现食物时转到了灯亮起时。这是为什么呢？

看见灯亮是不可预期的，但一旦猴子发现亮灯意味着它们能得到食物，"惊喜"的感觉就完全来自亮灯，而不是来自食物了。由此人们提出了一个新的假说：多巴胺不是快乐的制造者，而是对意外的反应，即对可能性和预期的反应。

我们人类的多巴胺冲动也来自类似的让人期待的惊喜：收到恋人的甜蜜留言（上面会说什么？），或是一封来自多年未见的老友的电子邮件（会有什么新鲜事？），或是在老酒吧的破旧桌子边遇见迷人的新伴侣（会有怎样的浪漫？）。但当这些事情都习以为常时，新奇感就消逝了，多巴胺冲动也随之消退——更甜蜜的留言、更长的邮件或是更好的桌子也挽救不回来。

这个简单的想法为一个古老的问题提供了化学解释：为什么爱情会消逝？我们的大脑生来渴求意外之喜，也因此期盼未来，每个激动人心的梦想都在那里萌生。但当任何事情，包括爱情变得习以为常时，那种兴奋感就悄然溜走，而我们的注意力又被其他新奇的事物吸引了。

研究这个现象的科学家把这种从新奇事物中得到的快感命名为"奖赏预测误差"。我们每时每刻都在预测将要发生的事，从什么时候可以下班，到在自动取款机上看到卡里有多少余额。实际发生的事好于我们的预期，就表明我们对未来的预言存在误差：可能我们可以提前下班了，或者查看余额时发现比预期多了 100 元。正是这种让人快乐的误差触发多巴胺行动起来。这种快乐不是源于额外的时间或钱本身，而是预期之外的好消息带来的兴奋感。

事实上，仅仅是可能存在奖赏预测误差就足以刺激多巴胺快速行动起来。想象你正走在上班的路上，这条熟悉的街道你此前已经走过很多遍了。突然你注意到街边开了一家新面包店，你之前从没见过，想马上进去看看里面都卖什么。这就是多巴胺在发挥作用，它产生的感觉不同于享受舌尖之味、肌肤之感或悦目之景。这种快乐来自预期，来自陌生之物或更好之事的可能性。你看到这家面包店感到兴奋，但你并没有品尝过它家的甜点或咖啡，甚至没有看到店里面长什么样。

你进去点了一杯深烘焙咖啡和一个法式牛角面包。你先尝了一小口咖啡，复杂的风味在你舌尖起舞，这是你喝过的最好喝的咖啡了。接着你轻咬一口牛角面包，酥脆的质感伴随着黄油香，味道就跟多年前在巴黎的咖啡馆里吃过的一样。现在你感觉怎么样？或许，由此开始新的一天会让你的生活更好一点儿。你立刻决定以后每天早上都来这儿吃早餐，品尝这个城市中最美味的咖啡和最酥香可口的牛角面包。你会告诉你的朋友们关于这家店的一切，哪怕他们并不想听。你还会买一个印有咖啡店名字的马克杯。甚至只要想到有这家棒极了的咖啡店，你就能精神十足地开启新的一天。这就是多巴胺的作用。

这种感觉就像是你跟这家咖啡小馆坠入了爱河。

然而，有时候在我们得到了想要的东西之后，它看起来就没有那么好了。多巴胺能①的兴奋（即预期带来的兴奋）并不持久，因为最终未来都会变成现在。当未知事物令人激动的神秘感变成乏味的熟悉日常时，多巴胺的工作就完成了，失望乘虚而入。咖啡和牛角面包太美味了，那家面包店成为你每日早餐的打卡之地。但几周之后，"这座城市最好的咖啡和牛角面包"变成了平淡的早餐。

然而，咖啡和牛角面包都没有变，变的是你的预期。

同样的道理，萨曼莎和肖恩互相迷恋着对方，直到两人随着

---

① 多巴胺能（dopaminergic）指与多巴胺（dopamine）相关的过程或行为，特别是指会释放多巴胺这种神经递质的某一过程或行为，或多巴胺参与的生理过程。——译者注

交往的深入而越来越熟悉。当一切成为日常以后，就没有了奖赏预期误差，也不再会有给你带来兴奋感的多巴胺了。肖恩和萨曼莎在酒吧的人潮中彼此相遇，而后坠入爱河，互相迷恋，直到想象中那无尽欢愉的未来变为现实的体验。多巴胺的工作完成了，它使未知理想化的能力也发挥完了，于是多巴胺的通路关上了门。

我们在梦想充满无限可能的世界时激情澎湃，在面对现实时这种激情又黯然消退。当爱神的轻轻敲门变成枕边人的鼾声阵阵时，仅靠多巴胺已维持不了爱情的相守。但用什么来维持呢？

一个大脑，两个世界

约翰·道格拉斯·佩蒂格鲁（John Douglas Pettigrew）是澳大利亚昆士兰大学的心理学荣休教授，他是沃加沃加的当地人，这个城市的名称听起来就充满欢乐。佩蒂格鲁在神经科学领域取得了不小的成就，他最知名的成就是修正了关于会飞的灵长类动物的理论，这一理论认为蝙蝠是人类的远亲。通过这项研究，佩蒂格鲁成为确定大脑如何形成三维地图的第一人。这听起来跟轰轰烈烈的爱情风马牛不相及，但它最终将成为解释多巴胺和爱情的一个关键概念。

佩蒂格鲁发现，大脑将外部世界分为两个独立的区域来管理，即"近体的"和"远体的"——简单来说就是远近两个区域。近体空间包括手臂可及之处，在此范围内的事物你可以马上用手控制，这是一个真实的世界。远体空间是指你的手臂无法触及的地方，不管是3英尺（约1米）远还是300万英里（约500万千米）外，这个领域代表着可能性。

基于这套对位置的定义，你将得出一个显而易见但实用的结论：由于从一个地方移动到另一个地方需要时间，任何与远体空间的互动肯定发生在未来。或者换一种说法，距离与时间有关。举个例子，如果你想吃桃子，但离你最近的桃子位于街角市场的水果摊，那你现在就没法享用它，只能在未来你购买之后才能享用它。得到一臂之外的东西需要做计划，这种计划可能是站起来开灯这样简单的事，可能是走去市场买桃子，也可能是弄清楚如何向月球发射火箭。远体空间中的事物的定义就是如此：得到它们需要努力、需要花时间，且大多数情况下需要做计划。相反，近体空间的事物是可以在当下体验的。这种体验是即时的，当我们触摸、品尝、把持、紧握某物时，我们会即刻感到幸福、悲伤、愤怒和愉悦。

我们也因此得出了一个神经化学的结论：大脑在近体空间的工作方式，与远体空间截然不同。人类心智如此设计，让大脑以这种方式区分事物是有一定道理的：它用一个体系来处理你拥有的，用另一个体系来处理你没有的。对于早期人类来说，俗语"你若非拥有，就是没有"几乎等同于"你若非拥有，就是死了"。

从进化的角度来看，你得不到的食物和你实实在在拥有的食物是完全不一样的，对于水、避难所和工具也同样如此。这个分类非常基础，于是大脑进化出了不同的信号通路和化学物质来处理近体空间和远体空间。当你向下看时，你就看向了近体空间，此时大脑被处理当下体验的化学物质支配着。但当大脑处理远体空间时，有一种化学物质的影响比其他所有物质都大，即与预期和可能性相关的多巴胺。那些远处的东西，即我们没有的东西，不能被使用和消耗，你只能去渴望。多巴胺有一个非常特殊的职责：最大化利用未来的资源，追求更好的事物。

生活中的每个部分都被划分成这两种方式：一种方式决定我们想要什么，另一种方式决定我们拥有什么。你想要一套房子，感受到为了买房必须努力工作的欲望，这时候你就在使用控制远体空间的大脑回路；当你拥有这套房之后，享受它时你使用的则是另一组不同的大脑回路。预期涨工资能刺激未来导向的多巴胺，这种感觉与第二或第三次收到涨后工资的当下体验是不同的。找寻爱情和维持爱情使用的也是两套不同的技能。爱情必须从远体经验转向近体经验——从追求到拥有，从翘首期盼到精心呵护。这些技能差别很大，这就是为什么爱情的本质在经过一段时间之后会变化，也是为什么对很多人来说，爱情在多巴胺兴奋或所谓浪漫之后会消逝。

但也有许多人实现了这个转变过程，他们是如何做到的？他们在多巴胺的引诱之下，如何以智取胜？

魅力

魅力是一个美丽的错觉（英语中的"魅力"一词原意是魔法咒语），它给人以超越普通的生活、实现梦想的希望。魅力取决于神秘和优雅的特殊组合，过多的信息会破坏这个神奇的咒语。

——弗吉尼亚·波斯特莱尔

当我们看到的事物刺激了多巴胺能的想象，淹没了我们精准感知当下现实的能力时，魅力就此产生了。

乘飞机旅行是一个很好的例子。抬起头，看到天上一架飞机时，你会产生何种想法和感情？许多人曾憧憬过在飞机上的感觉，到异国他乡和海角天涯旅行，在云霄之上开启一段无忧无虑的旅程。但一旦你到了飞机上，你当下的感觉就会告诉你，这个"空中天堂"更像是高峰时期横穿城市的公共汽车：空间狭小，让人精疲力竭，充满了不愉快，完全谈不上优雅。

同样，有哪里能比好莱坞更有魅力呢？光鲜亮丽的演员们奔赴舞会，围在泳池边调情。但现实却大相径庭。演员们每天工作 14 小时，在强光灯下汗流浃背，女演员被性剥削，男演员迫于压力服用类固醇和生长激素，才能在荧幕上展示完美的身体。格温妮丝·帕特洛、梅根·福克斯、查理兹·塞隆和玛丽莲·梦露都有过"床笫选角"的经历（除了玛丽莲·梦露，其他几人都拒绝以性交易的方式来获得渴求的角色）。尼克·诺特、查理·辛、米基·洛克和阿诺德·施瓦辛格都承认使用过类固醇，而它们可能导致肝损伤、情绪波动、暴力倾向和精神错乱。这实际上是一门粗鄙的生意。

远处的山峰并不粗鄙，它们宏伟地矗立着，数英里空气的模糊效应使它的轮廓变得柔和，像柔焦相片中新婚之日的新娘。多巴胺水平较高的人想要攀登、探索和征服它，但他们做不到，因为它并不存在。山峰本身是存在的，但想象中位于山顶的体验是不可能实现的。现实是，大多数时候你都意识不到自己身处一座山峰之上。通常来说，山上绿树环绕，而这就是你看到的全部。有时你会眺望数英里外的山谷，但你看到的是充满了希望和美丽的遥远的山谷，而不是你所在的山峰。魅力创造了不能被满足的欲望，因为这种欲望的对象只存在于想象之中。

不管是天上的飞机、好莱坞的电影明星，还是遥远

的山峰，只有不可及、虚幻的事物才富有魅力。魅力就
是一个谎言。

一天午餐时，萨曼莎偶然碰到了德马科，她在肖恩之前
的最后一任男朋友。他们有好几年没见了，甚至没在脸谱网
上关注过对方。她发现他一如既往地幽默和聪慧，精神焕发。
几分钟后她开始两眼放光、充满幻想。她已经很长时间没有
这种感觉了——兴奋的浪潮在涌动，自己再次有了与一个男
人产生联系的可能性，这个人身上似乎充满了新鲜事等待她
去发掘。德马科也很兴奋，急切地分享他的感觉。而他分享
的第一件事就是他马上要订婚了，他对此感到很兴奋。未婚
妻是他心目中的命定之人，他希望萨曼莎能与她见面，因为
他从未这样关心过一个人。

德马科走后，萨曼莎决定去醉生梦死一天。她移步到
酒吧，点了一篮子玉米片和一瓶美乐淡啤，盯着啤酒瓶子上
的商标看了足足半小时。她爱肖恩，真的很爱，但确实如此
吗？他们在近一年的时间里激情似火。与德马科在一起的感
觉是她想要的，她也曾与肖恩有这种感觉，但之后就没有了。

找寻持久的爱情

多巴胺也有阴暗的一面。如果你把一个食物丸放进老鼠的笼
子里，它就会突然分泌很多多巴胺。毕竟，谁能想到天上会掉下来
食物呢？但是如果你每 5 分钟就放一个丸子进去，多巴胺就会停止
分泌。一旦老鼠知道什么时候能得到食物，就没有惊喜了，也没有

了奖赏预测误差。但是如果你不定期扔下丸子，让丸子的出现一直成为惊喜，会怎么样呢？如果你用人和金钱分别代替老鼠和食物丸，会怎么样？

想象一下这个画面，繁忙的赌场里挤满了21点赌桌、高赌注的扑克游戏和快速旋转的轮盘赌。这是拉斯韦加斯浮华的缩影，但赌场运营商知道，这些富人的游戏并不是最大的利润来源。利润大都来自低端的吃角子老虎机，它们深受游客、退休人员和普通赌徒的喜爱，这些人每天独自在这里待上几个小时，周围只有闪光、铃声和轮盘的咔嗒声伴随。现代赌场的设计标准是将高达80%的建筑面积用于老虎机，这是有充分理由的：赌场大部分的赌博收入都来自这里。

"科学游戏"公司是世界上最大的老虎机制造商之一。确实，科学在这些难以抗拒的机器的设计中发挥着重要作用。虽然吃角子老虎机可以追溯到19世纪，但它的现代改进是基于行为科学家B. F. 斯金纳（B. F. Skinner）的开创性工作，斯金纳在20世纪60年代发现了行为操纵的原理。

在一项实验中，斯金纳把一只鸽子放到盒子里。他安装了一套装置，鸽子每啄一下杠杆就可以获得一颗食物丸。有些实验设定为需要啄一下，还有一些设置为10下，但在某次特定实验中条件都保持不变。得出的结果并不是特别有趣：不管需要啄多少次才能得到食物丸，每只鸽子都像官僚主义者在堆成山的文件上盖章一样啄着杠杆。

然后，斯金纳尝试了另一种方法。他设计了一个实验，释放一个食物丸所需的按压次数是随机变化的。现在，鸽子不知道什么时候会有食物，对它们而言每一次奖励都是出乎意料的。鸽子们变得兴奋起来，它们啄得更快了。有某种因素促使它们做出了更大的努力。多巴胺这个惊喜分子已被驯服，老虎机的科学基础也随之诞生。

当萨曼莎看到她的前男友时，所有感觉瞬间就回来了——欣喜若狂、浮想联翩、目不转睛、心花怒放。她没有去刻意寻找浪漫，她也不必寻觅。德马科的出现和对下一次燃情时刻的白日梦，是意外坠入她的感情生活中的惊喜，这正是她兴奋的源泉。当然，萨曼莎自己并没意识到这些。

她和德马科决定再见面喝一杯，一切都很顺利。他们又决定第二天一起吃午饭，很快他们开始频繁地"约会"，这种感觉令人兴致高涨。他们说话时触摸彼此，分开时拥抱彼此，在一起的时光总是飞逝，就像以前约会时那样。她想到，之前和肖恩在一起时也是这样。她心想，也许，德马科才是她的真命天子。但只要了解了多巴胺的作用，你就知道很明显这种关系并没有什么特别，只是又一次由多巴胺驱动的兴奋而已。

由新奇引发的多巴胺不会一直持续下去。爱情中的浪漫总会最终消逝，然后我们就会面临一个抉择。我们可以过渡到另一种爱，这种爱由平日里对对方的欣赏所滋养；或者我们可以结束这段关系，去寻找另一次过山车之旅。由多巴胺驱动的选项不需要你付出太多努力，但它结束得很快，就像吃一个小甜饼给你带来的快乐。而可持续的爱会将你对未来的期待转移到对当下的体验，从幻想任何可能性转移到拥抱现实及其所有的不完美。这种过渡并不容易做到，所以面对一个摆脱困难的简单方法，我们都不会拒绝它。这就是为什么当早期浪漫的多巴胺之火熄灭时，许多关系也随之结束了。

早期的爱情就像坐落在桥脚下的一只旋转木马。这只木马可以带给你一圈又一圈的美妙旅程，你想要玩多少次都可以，但它总会停在开始的地方。每当音乐停止，你的脚回到地面上，你就必须做出一个选择：再坐一次，或者跨过那座桥，去寻找更持久的爱情。

"我不满足"

当米克·贾格尔在 1965 年第一次唱出"我无法获得满足！"的时候，没有人知道他其实预知了自己的未来。贾格尔在 2013 年告诉他的传记作者，他和大约 4 000 名女性有过关系，也就是说他在成年后每 5 天就要换一个伴侣。

要注意的是，米克并没有为他的寻爱之旅画上圆满的句号，比如："……到了第 4 000 个，我终于感到满足了。结束了！"不出意外，他会尽他所能地继续下去。那么多少伴侣才能让他"满足"呢？如果你有过 4 000 个伴侣还不满足，我们可以很有把握地说多巴胺已成为你生活中的主导因素，至少在性爱方面如此。多巴胺的主要指令就是"想要更多"。即便米克爵士再追寻半个世纪的满足感，他也还是得不到。他所认为的满足根本不是满足，而是一种由多巴胺驱动的欲望，多巴胺这种分子会培养人们永不知足的感觉。当他和一个人上床后，他的近期目标就变成寻找下一个伴侣。

米克并不是唯一一个如此行事之人，像他这样的人有很多。电视剧《宋飞正传》中的乔治·科斯坦萨与米克类似，只是没那么自信。在《宋飞正传》中，几乎每一集乔治都会坠入爱河。他想方设法去约会，为了能和姑娘上床，他几乎什么都愿意做。他把每一个新认识的女人想象成潜在的终身伴侣，一个会和他一起幸福生活的完美女人。但每个《宋飞正传》的粉丝都知道这些故事是如何结束的：只要这个女人也用真情回报乔治，乔治就不再为她疯狂了。当他不再需要努力追求的时候，他就只想着赶紧脱身。乔治·路易斯·科斯坦萨沉溺于追求浪漫的多巴胺刺激中，他花了整整一季的时间试图摆脱一个女人，她是唯一一个知道他做的每件坏事之后仍然继续爱他的女人。当他的未婚妻因为舔了结婚请柬上的有毒胶水而去世时，乔治并没有感到震惊和悲痛。他松了一口气，甚至很高兴，并欣喜若狂地准备迎接新一段感情。米克和乔治一样，乔治也和我们每个人一样。我们陶醉于另寻新欢的激情、专注、兴奋和激动之中。不同的是，大多数人在某个时刻发现了多巴胺在欺骗我们。和范德雷工业公司的前乳胶销售员乔治，以及滚石乐队的主唱米克不同的是，我们逐渐明白，我们看到的下一个美女或帅哥可能不是让我们"满足"的关键。

　　"和肖恩怎么样了？"萨曼莎的妈妈说。

　　"嗯……"萨曼莎用指尖摩挲着咖啡杯的杯沿，"和我想的不太一样。"

　　"又厌倦了？"

　　"该来的总会来的。"萨曼莎说。

　　"我只是说肖恩看起来还不错——"

　　"妈，我不想听你说什么'要感恩上苍，多往好处想'。"

"这不是第一次了。还记得劳伦斯吗？还有德马科呢？"

萨曼莎紧咬着嘴唇，沉默不语。

"为什么你就不能享受你已经拥有的一切呢？"

持久爱情的化学钥匙

从多巴胺的角度来说，拥有是无趣的，只有获得才有趣。如果你生活在桥下，多巴胺会让你想获得一顶帐篷。如果你生活在帐篷里，多巴胺就会让你想获得一栋房子。如果你住在世界上最贵的豪宅中，多巴胺会让你想获得月球上的城堡。多巴胺不会满足于某一个标准，追求也永无止境。大脑中的多巴胺回路只能被光鲜之物的可能性所刺激，而不管现在的事物已有多完美。多巴胺的座右铭是"想要更多"。

多巴胺是爱的煽动者之一，是引发一切火花的来源。但要让爱超越那个阶段，恋爱关系的本质就必须改变，因为它背后的"化学交响曲"会改变。毕竟多巴胺不是快乐分子，它是预期分子。为了享受我们拥有的东西，而不是仅仅可能得到的东西，我们的大脑必须从面向未来的多巴胺过渡到面向现在的某种化学物质，这是一系列神经递质，我们称之为"当下分子"。大多数人都对它们的名字略有耳闻，包括血清素、催产素、内啡肽（相当于大脑自产的吗啡）和内源性大麻素（相当于大脑自产的大麻）。与通过多巴胺得到的来自预期的愉悦相反，这些化学物质会给我们带来由感觉和情感引发的愉悦。花生四烯酸乙醇胺是内源性大麻素的一种，它的英文名称anandamide就源于表示欢乐、狂喜和高兴的梵语单词。

根据人类学家海伦·费希尔的说法，早期爱情或者说"激情之爱"只会持续 12~18 个月。在那之后，一对情侣要保持对彼此的依恋就需要发展出一种不同的爱，这被称为"陪伴之爱"。陪伴之爱是由当下分子调节的，因为它涉及发生在此时此地的经历——既然你和你爱的人在一起，就好好享受吧。

陪伴之爱不是人类独有的现象，在为了繁衍而结成配偶的动物中也可以观察到。结为配偶的动物会守卫自己的领地并一起筑巢，还会互相喂食、梳毛，一起分担养育下一代的事务。最重要的是，它们会待在对方附近，分开的时候会表现出焦虑。这些行为和人类是一样的。人类会从事类似的活动并有类似的感觉，与另一个人的生活紧密地交织在一起也会带来满足感。

在爱情的第二阶段，当下分子掌握了主导权，多巴胺会被抑制。大脑必须这么做，因为多巴胺在我们脑海中描绘了一幅色彩斑斓的未来图景，鞭策我们不断努力使之成为现实。对当前形势的不满是导致变化的一个重要因素，这就是一段新感情的全部意义所在。另外，当下的陪伴之爱表示你对当前现实十分满足，厌恶改变，至少在伴侣关系方面如此。事实上，尽管多巴胺和当下分子的回路能一起工作，但在大多数情况下它们是相互对抗的。在当下分子回路被激活时，我们更喜欢体验周围的真实世界，多巴胺就会被抑制；而当多巴胺回路被激活时，我们则进入一个充满可能性的未来，当下分子会被抑制。

实验室的测试证明了这个结论。科学家们观察了从处于热恋中的人身上提取的血细胞，发现血清素受体的水平比"健康人"要低，这表明当下分子受到了抑制。

告别让人另寻新欢和渴求激情的多巴胺并不容易，但拥有这方面的能力是成熟的标志，也是迈向持久幸福的一步。假设一个人计划去罗马度假，他花了几个星期安排每日行程，以确保走遍他所熟知的每一个博物馆和地标。但在他置身于这些最绚丽的艺术品中时，他却在想着如何去已经预订了晚餐的餐厅。他并不是对米开朗琪罗的杰作不感兴趣，只是他的性格是由多巴胺主导的：他热衷于期待和计划，而不是实施。情侣们也在期待和体验之间经历着同样的脱节。早期的爱情，也就是激情之爱是多巴胺主导的——使人兴奋、理想化、好奇，并关注未来。后一阶段的陪伴之爱则是由当下分子主导的——使人满足、心平气和，并通过身体的感官和情感去体验。

建立在多巴胺基础上的浪漫关系是一段令人兴奋但短暂的过山车之旅，然而我们大脑中的化学过程也为我们铺平了通往陪伴之爱的道路。多巴胺代表着痴迷与渴望，而与长期关系最相关的化学物质则是催产素和血管升压素。催产素在女性中更活跃，而血管升压素在男性中更活跃。

科学家们在实验室里对各种动物的神经递质进行了研究。例如，科学家将催产素注射到雌性草原田鼠的大脑中以后，它们会立刻与周围的某只雄性田鼠形成长期关系。类似地，研究人员通过基因编辑制造出了具有滥交倾向的雄性田鼠，又给它们增加了一个增强血管升压素的基因时，发现它们在有多个雌性田鼠可供交配时，也只与某一只雌性田鼠交配。血管升压素就像一种"好丈夫激素"，而多巴胺则相反。具有能产生高水平多巴胺的基因的人拥有的性伴侣数更多，首次性交年龄也更低。

随着多巴胺驱动的热烈爱情演变成当下分子主导的陪伴之爱，大多数情侣或夫妇的性生活频率会降低。这是合理的，因为催产素和血管升压素会抑制睾酮的释放。反过来，睾酮也抑制催产素和血管升压素的释放，这也解释了为什么血液中睾酮含量高的男性结婚的可能性较小。同样，单身男性比已婚男性睾酮含量更高。如果一个男人的婚姻变得不稳定，他的血管升压素会下降，睾酮会上升。

人类需要长期的伴侣吗？有很多证据表明答案是肯定的。尽管拥有多个伴侣表面上很有吸引力，大多数人最终还是选择安定下来。联合国的一项调查发现，90%以上的人会在49岁之前结婚。我们可以在没有陪伴之爱的情况下生活，但大多数人都会付出人生中相当一部分的时间精力来寻找并维护它。当下分子为我们赋予了这样做的能力。它们让我们从感官传达给我们的感受中得到满足感——包括我们面前的事物，以及我们可以即刻体验，而不会一直欲求不满的事物。

睾酮：性吸引的催化剂

萨曼莎第一次见到肖恩的那天晚上，她正处于月经周期的第13天。这个事实会产生什么影响？

男性和女性的性欲都是由睾酮引起的。男性会产生大量的睾酮——它导致了男性化特征，如面部的毛发、肌肉量的增加和低沉的声音。女性在卵巢中产生较少量的睾酮。平均来说，女性在月经周期的第13天和第14天的睾酮水平最高。这时卵巢会释放出卵子，她们怀孕的可能性最高。睾酮的含量在不同天，甚至在一天之内都会随机变化。有些女性早上产生的睾酮更多，有些则在晚些时候产生。个体之间的差异非常大，有些女性天生比其他女性产生更多睾酮。睾酮甚至被当作药物使用。宝洁公司（欧仕派古龙水和帮宝适纸尿裤的制造商）的科学家在女性皮肤上使用一种含有睾酮的凝胶后，这些女性的性生活变得更频繁了。不幸的是，由于一些女性出现了面部毛发浓重、嗓音低沉和男性型秃发等变化，"女性伟哥"凝胶从未得到过美国食品药品监督管理局（FDA）的批准。

罗格斯大学的人类学家、在线约会网站 Match.com 的首席科学顾问海伦·费希尔指出，睾酮产生的性冲动类型与饥饿等其他自然冲动相似。当你饥饿的时候，任何食物都能满足你的食欲。类似地，睾酮诱导的性冲动也是普遍的，不一定是对特定的人。在许多情况下，特别是在年轻人当中，几乎任何人都会产生这种无差别性的欲望。但这也不是一种无法控制的欲望。人们不会死于性饥渴。睾酮并不能使人自杀或谋杀别人，这与被爱完全控制的多巴胺能的体验不同。

肖恩在蒸汽弥漫的浴室镜子上抹出一块清晰之处，用手指梳过黑色的头发，露出一个笑容。"应该可以了。"他自言自语道。

"等等，站着别动。"萨曼莎将肖恩紧锁的额头抚平，说，"这会让你看起来更英俊。"

"然后……"

"坐下，宝贝。"萨曼莎说，然后在他的脸上轻吻了一下。

多巴胺阻碍你寻欢

从热切的期待到亲密接触的快感，性爱的各阶段定义了爱情的各阶段：性就是爱情的快进。性始于欲望，是由睾酮这种激素驱动的一种多巴胺能的现象。接下来是性兴奋，这也是一种期待性的多巴胺能的体验。当身体接触开始时，大脑就将控制权转移到当下分子以便提供感官体验的愉悦，这个过程主要涉及内啡肽的释放。这一行为的顶峰，即性高潮，几乎完全是一种此时此地的体验，内啡肽和其他当下神经递质一起工作，将多巴胺彻底关闭。

在一项在荷兰进行的实验中，人们扫描了一组男人和女人的大脑，当他们受到刺激达到性高潮时，摄像机捕捉到了其中发生的变化。扫描显示性高潮与整个前额皮质的激活程度的降低有关，前额皮质是大脑中多巴胺能的部分，它负责限制人的行为。松开控制可以激活性高潮所需的当下分子回路，不管被试者是男人还是女人。除了少数例外，大脑对性高潮的反应是相同的：多巴胺被关闭，当下分子通行。

这个结果并不意外。但是，正如有些人很难从激情之爱过渡到陪伴之爱，由多巴胺驱动的人在性生活中也很难把主导权让给当下分子。也就是说，有着强烈多巴胺驱动力的女性和男性有时会发现，他们难以停止自己的想法，去纯粹地体验性爱中亲昵的感觉——少一些思考，多一些感觉对他们来说非常困难。

当下神经递质让我们去体验现实（性生活的现实是强烈的），而多巴胺则超越现实，它总是使人"脑补"更好的事物。为了增加它的诱惑力，它让我们去控制另一个现实。这些想象中的世界或许永远都不可能变为现实，但这并不重要。多巴胺总是让我们追逐幻影。

性接触，尤其是处于持续交往中的性接触，总是沦为这些多巴胺幻影的牺牲品。一项针对141名女性的调查发现，其中有65%的女性在性交时会幻想与其他人在一起，甚至幻想做完全不同的事情。另一些研究表明这个比例高达92%。男人在性爱过程中幻想的次数和女人差不多，并且男人和女人的性生活越多，他们幻想的可能性就越大。

大脑回路给了我们能量和动力，使我们和一个理想的伴侣上床，但在这之后又阻碍了我们享受乐趣，这可真是一件具有讽刺意味的事。其中一部分原因可能涉及体验的强烈程度。第一次性爱比第一百次更强烈，尤其是这一百次都和同一个伴侣的情况下。但这种体验的顶峰，即性高潮，几乎总是十分强烈，使得最超脱的梦想家也能进入当下分子的即刻世界。

为什么妈妈要你把初夜留到结婚

尽管在某些地区，文化上的变化让人们对婚前性行为更加宽容，但仍有许多母亲（和焦虑的父亲）希望他们的女儿"为了婚姻珍惜自己"。这通常是道德或宗教教义的一部分，但这里面是否有基于大脑化学过程的好处呢？

睾酮和多巴胺有着特殊的关系。在激情之爱中，睾酮是一种不受多巴胺抑制的当下分子。事实上，它们共同构建了一个反馈回路——一个能增强浪漫感情的"永动机"。激情之爱通常会增加做爱的欲望，睾酮能加强这种欲望，增加的欲望反过来又促进了激情之爱。因此，拒绝性满足事实上会增强激情——虽然情况并非永远如此，并且需要付出沉重的代价，但效果是真实存在的。由此我们发现了一种化学解释，在很久以前它可能是导致我们现在看到的行为的一部分原因。等待延迟了爱情中最令人兴奋的阶段。由距离和节制产生的苦乐参半的感觉，正是这个化学反应的结果。

延迟的激情持续得更久。如果一个妈妈希望她的女儿结婚，那么保持住激情是一个很好的方法。一旦幻想变成现实，多巴胺就会关闭，而多巴胺能起到驱动浪漫爱情的作用。那么，怎样才能提高多巴胺呢，现在就同意性行为，还是将它留给将来？妈妈的答案是正确的，即使我们现在才知道为什么。

肖恩的体重增加了一点儿，但萨曼莎觉得他比以往任何时候都更有魅力。肖恩也觉得萨曼莎比以往任何时候都好看。尽管他很欣赏她打扮得漂漂亮亮的样子，但他还是向朋友们吐露，对他来说，没有什么比她醒来时头发乱七八糟，没有化妆，穿着他大学时代的一件旧T恤衫更性感的了。最近他们趁着早上孩子睡觉的时候，偷来额外的几分钟，压低声音，抓住这难得的片刻享受彼此的存在。

萨曼莎学会了如何帮助肖恩克服工作中的不安全感，而肖恩也尽量为她腾出时间，这样她就可以继续攻读硕士学位。他们越来越懂得品味陪伴彼此的乐趣，有时根本就不用说话。虽然他们曾经觉得这很奇怪，但现在感觉是对的。萨曼莎记得那晚肖恩伸手轻抚她的臀部，然后收回了手。她听到他翻身，发出他睡觉前总会发出的声音。

"怎么了？"她问。

"没什么，"肖恩说，"看看你在不在我身边。"

对成瘾性药物的实验让多巴胺得到了"快乐分子"的绰号。这些药物点燃了多巴胺回路，让测试参与者感到兴奋。这似乎很简单，直到研究者做了关于食物等自然奖赏的研究，发现只有意想不到的奖赏才会触发多巴胺的释放。多巴胺的反应不是针对奖赏，而是针对奖赏预测误差，即实际奖赏减去预期奖赏。这就是热恋的状态不会持久的原因。当我们坠入爱河时，我们期待与所爱之人拥有一个完美的未来。这是一个存在于炽热的想象中的未来，而12~18个月后，当现实变得明晰时，这个想象就会支离破碎。然后会怎样？在很多情况下，一切都结束了。之后，对多巴胺能刺激的探索又重新开始了。或者，激情之爱也可能转化为更持久的东西。它可以成为陪伴之爱，这可能不会像多巴胺那样让人兴奋，但基于当下神经递质，如催产素、血管升压素和内啡肽的作用，它会为你提供长期的幸福感。

这就像我们心中总是有最喜欢的餐厅、商店、城市一样，我们之所以喜爱这些地方，是因为熟悉的环境总是能给我们带来快乐，这里所说的环境指那个地方真实的物理环境。我们喜欢熟悉的事物，不是因为它能变成什么，而是因为它本来的样子。这是建立长期满意关系的唯一稳定的基础。多巴胺这种神经递质的目标是最大限度地提高未来的回报，让我们走上爱的道路——它使我们的欲望得到宣泄，激发我们的想象力，并把我们吸引到一个有着炽热承诺的关系中。然而，爱情可以始于多巴胺，但不能终于多巴胺。多巴胺永不知足，它只会说"我想要更多"。

第 2 章

×

毒品

你想要之物，是否也是你所爱之物？

此时，多巴胺战胜了理智，

让你不顾一切地实施最具破坏性的行为。

一个男人路过一家餐馆，闻到了汉堡的味道。他想象着自己咬了一口汉堡的感觉，似乎品尝到了美味。他正在节食，但现在这个汉堡就是他最想要的东西，所以他进去点了一个。当然，第一口美味至极，但第二口就没那么好吃了。每咬一口，他对"汉堡天堂"的享受就越来越少。不管怎样，他最后还是吃完了，不知道为什么，觉得有点儿恶心，同时因为没能坚持自己的饮食计划而感到非常泄气。

他走在街上，一个想法突然在他脑海中闪过：想要什么和喜欢什么相差很多。

什么在掌控你的大脑？

在某个时候，每个人都会问出这样的问题：为什么我要做这件事？为什么我要做出这个选择？

从表面上看，这似乎是一个简单的问题：我们总是基于某个原因去做某件事。我们穿毛衣是因为冷，早起上班是因为需要赚生活费，刷牙是为了防止蛀牙。我们所做的大多数事情都是为了另一件事，比如取暖、有钱付账单、避免被牙医骂。

可问题在于，这种问题是没有穷尽的。为什么我们要取暖？为什么我们要赚生活费？为什么我们要避免牙医的责骂？孩子们对这个游戏再熟悉不过了。"该睡觉了。"为什么？"因为你明早要上学。"为什么？"因为你需要接受教育。"为什么？如此问个没完。

哲学家亚里士多德也玩过同样的游戏，但他的目的更为严肃。他审视我们所做的一切，想知道是否存在一个终点。你到底为什么要去工作？你为什么要赚钱？你为什么要付账单？你为什么要用电？最终的目的是什么？有哪件我们追求的事只为了它本身，而不是为了其他事？亚里士多德认为这样的事是真实存在的。他认为在每一串"为什么"的终点都是同一件事，它的名字叫幸福。我们所做的一切，最终都是为了获得幸福。

这一结论很难反驳。毕竟，有能力支付账单和电费让我们很快乐，拥有健康的牙齿和受到教育也让我们感到快乐。我们甚至可以快乐地承受痛苦，如果这一切都是为了一个有价值的缘由的话。幸福是引导我们人生旅程的北极星。当面对一系列的选项时，我们都会选择一个能带来最大幸福的选项。

但事实并非如此。

我们的大脑不是这样连接的。想想有多少你认识的人只是出于机缘巧合"落入"了如今的职业轨道，或者仅仅是根据他们以为正确的直觉就选择了某所大学。我们只是偶尔才会冷静下来理性地考虑我们做出的选择，权衡不同的选项。这样很累人，结果却不太令人满意。我们总是不能确定自己是否做了正确的决定。但直接做我们想做的就容易多了，我们也正是这么做的。

下一个问题就理所当然地成为："那我们想要什么？"答案取

决于你问谁：一个人可能想变得富有，另一个人可能想成为一个好父亲。答案也取决于你什么时候问。晚上7点的答案可能是"吃晚饭"，而早上7点的答案可能是"再睡10分钟"。有时人们根本不知道自己想要什么，有时他们想要的东西太多，但这些东西彼此冲突，不能同时拥有。大多数人看到甜甜圈都想吃，但大多数人看到甜甜圈又都不想吃。这是为什么？

如何活着

安德鲁是个20多岁的年轻人，在一家售卖企业软件的公司工作。他自信、性格外向，是公司里最优秀的销售员之一。他总是全神贯注地工作，几乎没有时间放松或从事其他活动，除了一件事：跟女人睡觉。他说自己大概与100多个女人有过性关系，但从未建立过正式的关系。他内心其实很渴望稳定的亲密关系，他知道这对他的长期幸福很重要，他也意识到，继续那种一夜情模式是不可能给他带来幸福的。然而，这一模式仍在继续。

欲望始于大脑中一个在进化上早就存在的区域，位于头骨深处，被称为腹侧被盖区。这一区域富含多巴胺，事实上，它是多巴胺两个主要的产生区域之一。像大多数脑细胞一样，生长在那里的细胞长着长长的尾巴，穿过大脑到达伏隔核。这些长尾巴的细胞被激活时，会将多巴胺释放到伏隔核中，让我们产生做某事的动力。这个回路叫作中脑边缘通路，但我们通常更直白地称之为"多巴胺欲望回路"（图2–1）。

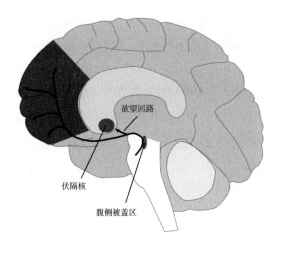

图2-1

  这种多巴胺回路在进化中学会了促进让你生存下来和繁衍下去的行为，或者更明确地说，它帮助我们获得食物和性行为，并赢得竞争。你看到桌上放着甜甜圈的盘子时，欲望回路就会被激活，这不是因为你需要吃甜甜圈，而是因为从进化或维持生命的角度来看，吃这个东西对你有利。也就是说，在这种情况下，不管你饿不饿，这个回路都会被激活。这就是多巴胺的本质。它总是专注于获取更多的东西，着眼于为未来提供帮助。饥饿是此时此刻会发生的事情。但多巴胺说："去吃甜甜圈吧，即使你不饿。它会保证你在将来也活得下去。谁知道什么时候还能有食物呢？"这对我们的祖先来说意义重大，因为他们大多生活在饥饿的边缘。

  对于一个生物来说，未来最重要的目标就是活到那个时候。因此，多巴胺系统或多或少地总是想为维持生命尽一份力。它不断搜索环境，寻找新的食物来源、住所、交配机会和其他资源，保证我们的DNA（脱氧核糖核酸）得以延续。它发现了有潜在价值的东西后，就会分泌多巴胺，发送"醒醒"、"注意"和"这很重要"等信息。它通过创造"想要"的感觉来传递这一信息，通常是兴奋。这种感觉不是你主动选择的，而是对你所遇之事的反应。

那个走过汉堡店的人闻到了食物的味道，尽管他的脑海中原本想着的可能是其他优先事项，但多巴胺给了他一种几乎无法抑制的冲动，让他想要那个汉堡。尽管关注点不同，但这正是几千年前就在我们大脑中起作用的那套机制。想象一下一位祖先沿着大草原行走，那是一个天气晴朗的早晨，太阳要出来了，鸟儿在唱歌，一切像往常一样。她一路走着，对周遭的一切视而不见，任由思绪飘荡。突然，她发现了一丛长满浆果的灌木。她以前见过这些灌木很多次，但它们从未结过浆果。在过去，她的目光总是从这些灌木丛中溜走，思绪飘往别处，但现在她注意到了它们。她的眼睛在灌木丛中来回扫视，注意力变得更集中了，她不漏掉任何细节，内心涌出无尽的兴奋。未来变得更有把握了，因为深绿色叶子的灌木会结出果实。

由多巴胺驱动的欲望回路突然启动，让她开始行动。

她会记得这片浆果丛生的地方。从现在起，每当她看到这丛灌木时，大脑就会释放一点儿多巴胺，她变得更加警觉，并有一种兴奋的感觉，激励她去获得能帮助她生存的东西——浆果。一段重要的记忆就此形成：重要是因为它与生存有关，也因为它是由释放多巴胺触发的。但是，当多巴胺失去控制时，会发生什么呢？

为什么我们生活在一个虚幻的世界里？

每当安德鲁看到一个妩媚的女子时，跟她上床就成了他一生中最有趣的事，其他一切都变得索然无味。他通常在酒吧里猎艳，当他不工作的时候，酒吧就是他想去的地方。有时他告诉自己就是去放松一下，喝点儿啤酒。他喜欢这种氛围，有些时候他也会控制自己不去勾搭别人。他知道一旦性行为结束，他就会对这个年轻女子失去兴趣，而他不喜欢这种感觉。尽管知道事情会怎样发展，他通常还是屈从于诱惑。

过了一段时间，情况变得更糟了。只要女人同意和他一起回家，他就对她失去了兴趣。追逐结束了，一切都变了。在他的眼里，她甚至看起来都不一样了，瞬间就发生了转变。当他们到达他的公寓时，他已经不想和她发生关系了。

从广义上讲，说一件事物是"重要的"，差不多就等于说它与多巴胺有关。为什么？因为多巴胺的一项重要任务就是作为一个预警系统，提醒我们留意任何能帮助我们生存的事物。当一件有利于我们持久生存的东西出现时，不必去多想，多巴胺会让我们现在就得到它，不管我们喜不喜欢，或者现在是否需要它。多巴胺并不在乎这些。它就像一个总是买卫生纸的老太太，哪怕储藏室里已经堆了一千卷纸也无关紧要，她的态度是"卫生纸永远不嫌多"。多巴胺就是这样，它促使你拥有并不断积累任何可能帮助你维持生命的东西，而不仅仅是卫生纸。

这就解释了为什么节食的人想要吃汉堡包，即使他不饿。这也解释了为什么安德鲁会不停地追求女人，即使他知道就在短短几个小时，甚至短短几分钟内，他就会失去兴趣。但它还解释了更细微的事情，例如，为什么我们能记住一些名字而忘掉另一些名字。人们可以使用各种各样的技巧来强化记忆，例如在谈话中反复提及某人的名字。但即使你似乎把这个名字铭记在心，它也总是会很快消逝。然而，重要的名字，特别是那些能影响我们生活的人的名字更容易被记住。在聚会上和你搭话的人的名字会比不理你的人的名字在你的记忆中停留得更久。约你见面并给你提供一份工作的人的名字会被你记在心里，而如果你失业了，你对他的名字还会记得更清楚。同样，如果在迷宫的另一端有一只乐于交配的雌性老鼠，雄性老鼠就更容易记住穿过迷宫的正确路线。有时候，专注的程度会非常惊人，使你的注意力停留在某些事情上，而忽略掉更重要的事情。一名男子在一次抢劫中被一把9毫米贝雷塔手枪指着自己的脸，后来他被要求描述袭击者的长相，他说："我不记得他长什么样，但我知道那把枪的样子。"

然而，在更日常的情景下，一旦欲望回路中的多巴胺被激活，它就会激发能量、热情和希望。这种感觉很好，事实上，有些人一生的大部分时间都在追求这种感觉——一种期待的感觉，一种生活即将变得更好的感觉。你将要享用一顿美味的晚餐，见到一位老朋友，碰上一场大促销，获得一个知名的奖项，等等。多巴胺激发了人们的想象力，创造了美好的未来图景。

而当未来变成了现在，当晚餐已经下肚，或者爱人已被你拥入怀中，会发生什么？兴奋、热情和充满精力的感觉消散了，多巴胺停止工作了。多巴胺回路不会处理现实世界中的经验，只处理想象中未来的可能性。这让很多人感到很失望。他们过于依附多巴胺能的刺激，让自己逃离了现在，躲在自己想象的舒适世界里。"明天我们做什么？"他们一边咀嚼食物一边问自己，忘记了这样一个事实——他们也曾热切期待着这顿饭，但现在却对它视而不见。满怀希望的旅途要比到达目的地更快乐，这是多巴胺爱好者的座右铭。

未来不是真实的，它由一系列只存在于我们大脑中的可能性组成。这些可能性往往过于理想化，因为我们通常不会想象一个平庸的结果。在所有可能的世界中，我们倾向于考虑最好的那一个，这使得未来更具吸引力。同时，现在则是真实、具体、可被体验的，而不是只存在于想象中，这就需要一套不同的大脑化学物质，即当下分子来处理。多巴胺让我们充满激情地想要得到某些事物，但是当下分子让我们欣赏它们：四菜一汤的色香味，或是与爱人共度时光时的甜蜜。

想要与喜欢

从兴奋到享受的转变可能不会一帆风顺。"买家懊悔"，也就是大肆购物之后的悔恨感，就是一个例子。通常来说，这种感觉被归因于害怕做出错误的选择、对奢侈行为感到内疚，或者怀疑自己被卖家忽悠了。但事实上，这是欲望回路描绘的美好前景被打破的一个体现。它告诉你，如果你购买了那辆昂贵的车，你会欣喜若狂，你的生活肯定也会改变。但是，在你买入之后，你却没有特别强烈的感觉，而且这种感觉也不会很持久。欲望回路描绘的前景往往并不会成为现实，这是必然的，因为它在产生满足感方面没有起到作用，它不可能使梦想成真。可以说，欲望回路只是一个销售员。

在期望购买一件自己想要的东西时，瞄向未来的多巴胺系统被激活并创造出兴奋感。而一旦占有，所期望的对象就从向上看的远体空间转移到向下看的近体空间，从未来遥远的多巴胺领域转移到自我满足的当下分子领域。买家之所以会懊悔，就是因为当下体验无法弥补多巴胺能激励的损失。如果我们的购买行为是明智的，强烈的当下满足感可能会弥补多巴胺兴奋的损失。此外，另一种避免购买后懊悔的方法是购买一些能触发更多多巴胺能预期的东西，例如，一种工具（如一台能大大提高工作效率的新电脑），或者一件让你出门时看起来更迷人的新夹克。

因此，有三种方法可以用来弥补买家懊悔：其一，通过购买更多的东西来追求更高的多巴胺；其二，通过少买一些东西来预防多巴胺的剧减；其三，增强从多巴胺欲望向当下喜爱转变的能力。然而，在任何情况下，谁都不能保证我们极度渴望的东西正是我们享受的东西。想要和喜欢是由大脑中的两个不同的系统产生的，所以我们想要的东西往往是我们不喜欢的。这正是情景喜剧《办公室》中的一个场景，威尔·费雷尔饰演的临时老板迪安杰洛·维克斯正在切一块大蛋糕：

迪安杰洛：我就喜欢吃蛋糕的角。

他切下一个角，用手放到嘴里吃了。

迪安杰洛：我为什么要吃它？它根本就不好吃。我本来就不想吃，因为我午饭刚吃过蛋糕。

他把手里剩下的蛋糕扔进垃圾桶。

迪安杰洛（把手伸进蛋糕里，又抓了一块）：不，你知道吗？我表现很好，这是我应得的。

他停顿了一下，然后：

迪安杰洛：我在做什么？拜托，迪安杰洛！

他把手上的那块又扔掉，然后再次看向蛋糕。他弯下腰，这样他就可以冲它大喊大叫了。

迪安杰洛：不！不！

区分我们想要的和我们喜欢的并不容易，当人们吸毒上瘾时，这种割裂就更大了。

劫持欲望回路

为了猎艳，安德鲁在大部分空闲时间都泡在酒吧里。上大学的时候，他会去参加啤酒聚会，喝酒喝到凌晨，所以拿着啤酒到处走走是他很舒服的状态。毕业后，他的大部分酒友都去做其他事情了，酒精在他们的生活中不再扮演中心角色。但对于安德鲁来说，酒吧就像家一样，一直在那里。遇到他感兴趣的人时，他会喝得更快。他喜欢酒精，而有了对面的人那双明亮的眼睛，这个世界变得更加令人兴奋。

当早上的宿醉使他很难在工作中保持最好的状态时，他意识到自己的酗酒已经成了一个问题。他的销售额开始下滑，而他的治疗师建议他暂停饮酒，先尝试停30天，以便体验一下清醒的感觉。治疗师知道，如果一个饮酒量大的人能做到这一点，他通常会感觉头脑清醒、精力充沛，能够更好地享受生活中简单的快乐，这种感觉会让他更有动力维持长期的清醒。而如果一个饮酒者做不到保持30天清醒，这就表明他已经控制不了自己了。这次戒酒失败的经历可能会让一个酒鬼意识到自己所处的状态，下决心将酒精赶出自己的生活。

安德鲁试着戒酒30天，他发现自己戒酒并没有问题，他的问题是总想在酒吧猎艳。某种与地点相关的东西，一些他熟悉的猎艳经历，让他蠢蠢欲动。他的治疗师不免担忧起来，他认为安德鲁符合酒精使用失调的标准，建议安德鲁去参加几次嗜酒者匿名互助会。

安德鲁不同意这个诊断，他一心只想纠正自己难以抑制的性行为。他相信如果他能控制住勾搭异性的渴望，他就不会沉迷于酒吧了，酒精问题自然也会得到解决。治疗花了很长时间，尽管他与治疗师反复讨论，他的饮酒量还是不降反增了。但最终，他达到了他的目标。他遇到了一个自己真正感兴趣的女子，令他高兴的是，对她的兴趣并没有慢慢减退。渐渐地，他放弃了一夜情。他不再经常光顾酒吧，但他惊讶地发现酗酒的情况并没有缓解。酗酒行为已经侵入他的大脑，重塑了他的脑回路，现在他已无法停止。

成瘾性药物像导弹一样，以猛烈的"化学爆炸"冲击着欲望回路。任何自然行为都比不上它，食物、性，什么都比不上。

美国国家药物滥用研究所前所长艾伦·莱什纳（Alan Leshner）说，毒品会"劫持"欲望回路。它们与食物或性等自然奖赏一样会刺激大脑激励系统，但它们刺激大脑的强度远甚于自然奖赏。这就是为什么食物和性上瘾与毒品上瘾有如此多的共同点。以维持生命为目标而进化来的大脑回路被一种让人上瘾的化学物质所掌控，奴役那些被它的无形之网困住的上瘾者。

药物滥用就像癌症：它开始时看似微不足道，但可能很快就开始控制滥用者生活的方方面面。一个酒鬼可能一开始只适量饮酒，但当他一步步地从周末喝几杯啤酒到每天喝一升伏特加时，他的生活的其他方面就会被吞噬掉。一开始他只是为了在家喝酒而不去看儿子的棒球比赛，过了一段时间，家长会他也不去了，所有家庭活动都不参加了，最后只剩工作，因为只有工作才有钱买酒。但最终，他连工作都丢了。酒瘾就像肿瘤一样，不断扩散，酗酒者的全部生活都被喝酒占据。他做出的选择是理性的吗？外表看不像。

但究其本质，是多巴胺在起作用，这就完全说得通了。

多巴胺系统进化出来的目的，是激励我们生存和繁殖。对大多数人来说，没有什么比活着和保护孩子的安全更重要的了，这些活动产生的多巴胺最多。理论上讲，大规模的多巴胺激增表明我们需要对生死攸关的情况做出反应。找到避难所和食物，保护你的孩子，这些任务会最大程度地影响多巴胺系统。还能有什么事情比这更重要呢？

对上瘾者来说，毒品更重要。至少感觉上是这样。多巴胺导弹压制了其他一切事物。如果做决定就像在天平上权衡选择，那么让人上瘾的药物就是坐在天平一边的大象，没有什么能与之竞争。

吸毒者会为了毒品抛弃工作、家庭和一切。你一定认为他的这个选择是不够理性的，但他的大脑告诉他这个选择完全合乎逻辑。如果有人给你提供了两个选项，要么请你在一家好吃的餐馆甚至是城里最好的餐馆吃饭，要么给你一张百万美元的支票，你肯定不会选餐馆。而这正是上瘾者在用钱付房租和购买毒品之间做出选择时的感受。他的选择会导致多巴胺的激增，快克可卡因（经提纯的晶体状可卡因）带来的兴奋感比任何体验都要强烈。从多巴胺的角度来看，这是合理的，欲望是上瘾者行为的驱动力。

毒品从根本上不同于天然的多巴胺触发器。当我们饿的时候，没有什么比吃东西更能激励我们的了。但是在我们吃饱之后，我们获得食物的动机就会下降，因为饱足感回路被激活，欲望回路被关闭。人体有适当的检查和平衡机制来保持一切稳定。但对于吸毒来说，饱足感回路是不存在的。吸毒者会一直吸毒，直到他们昏倒、生病或身无分文。如果你问一个瘾君子他想要多少毒品，他只有一个答案："更多"。

下面让我们从另一个角度来看待这个问题。多巴胺系统的目标是预测未来，当一个意想不到的奖赏出现时，它就会发送一个信号说："注意！现在要学习一些新东西了。"这样，沉浸在多巴胺中的脑回路就产生了可塑性，它们变成了新的样式。新的记忆被储藏，新的连接也形成了。"记住发生了什么，"多巴胺回路说，"这在将来可能有用。"

　　最终结果是什么？下次奖赏出现时，你就不会感到惊讶了。当你发现一个网站播放着你最喜欢的音乐时，你会感到兴奋，但下一次访问这个网站时就不会了，它不再有任何奖赏预测误差。多巴胺并不是一种持久的快乐储存体。通过塑造大脑，使突然发生的事件变得可预测，多巴胺完成了它的任务——最大限度地利用资源，但在这个过程中，通过消除意外和消除奖赏预测误差，多巴胺也会作茧自缚。

　　但是毒品的威力更强大，它们能够绕过惊奇和预测的复杂回路，用非自然的方式点燃多巴胺系统的熊熊烈火。结果就是，它们把所有东西都弄得乱七八糟，只剩下对"更多"的渴望，而这种渴望令人受尽折磨。

　　毒品破坏了大脑正常运作所需的微妙平衡。无论吸毒者处于何种情况，毒品都会刺激多巴胺的释放。于是，大脑变得混乱不堪，开始将吸毒与一切事物联系起来。用不了多久，大脑就开始相信毒品可以解决生活中的所有问题。想庆祝一下吗？来点儿毒品吧。感到悲伤？来点儿毒品吧。和朋友约会？来点儿毒品吧。感觉焦虑、无聊、放松、紧张、愤怒、强大、怨恨、疲倦、精力旺盛？来点儿毒品吧。参与过嗜酒者匿名互助会等十二步疗法项目的人说，吸毒者需要注意三件可能引发毒瘾并使他们复吸的事：人、地点、物品。

闻不了漂白剂的瘾君子

上瘾者可能会因为一些很奇怪的事情被勾起毒瘾。一位曾经的瘾君子不能看卡通片，因为卖给他毒品的毒贩子会在毒品包装上印上卡通人物。有时，上瘾者自己也不知道是什么勾起了他们的欲望。一个苦苦挣扎的海洛因上瘾者发现每次去超市都会毒瘾发作，而他不知道为什么，这严重破坏了他的治疗。一天，他和他的咨询师去超市实地考察，想弄清楚到底是怎么回事。咨询师告诉患者，一旦毒瘾发作就立刻通知她。他们在一条条过道里来回走动，直到病人突然停下来说："现在。"他们此时正站在陈列洗衣粉的过道里，一个装满漂白剂的架子前。原来，在开始接受治疗之前，这位吸毒者曾经使用皮下注射针注射毒品，他每次都会将注射针浸泡在漂白剂中，以避免感染艾滋病毒。

为什么快克可卡因比普通可卡因更让人上瘾

毒品之所以会成瘾，是因为它触发了欲望回路中的多巴胺。这一点酒精能做到，海洛因能做到，可卡因能做到，甚至大麻也能做到。但不同的毒品触发多巴胺的程度有所不同。最能刺激多巴胺的毒品比更克制的毒品更容易上瘾。通过触发更多多巴胺的释放，"强攻型"毒品也会让使用者感到更加兴奋，并在毒品作用消失时引发更强烈的欲望。刺激强度因毒品而异，比起吸食可卡因的人，吸食大麻的人的渴望通常没有那么强烈。但在所有的差异之下也有共性，那就是多巴胺能的兴奋和随后的渴望。

这些差异背后有许多因素。其中之一便是每种毒品的分子化学结构不同，有些化学物质比其他化学物质更能推动多巴胺沿着它的路径前进。但也有其他因素。例如，点燃抽吸的快克可卡因本质上与鼻吸的粉末可卡因的分子结构相同，但前者更容易上瘾，因而它在 20 世纪 80 年代被大量生产出来以后，就以迅雷不及掩耳之势席卷了娱乐性毒品的市场。

快克可卡因有什么厉害之处，使它能席卷可卡因的市场，并且通过化学手段奴役上千万人？从科学的角度来看，答案很简单：开始行动的速度。

让我们考虑一种能使人兴奋的化学物质，如酒精，它能触发多巴胺的释放。它进入大脑的速度越快，饮酒者产生的快感就越强。在图 2–2 中，横轴表示时间，纵轴表示大脑中的酒精含量。如果喝的是霞多丽（一种白葡萄酒），曲线会慢慢向右上升。如果喝的是伏特加，曲线就会十分陡峭，迅速向上攀升。

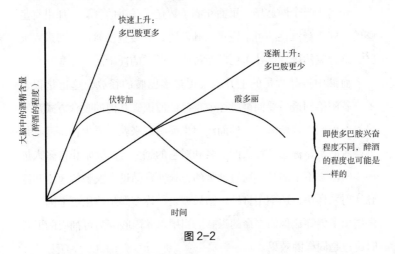

图 2–2

图中曲线的斜率表示大脑中某种化学物质（在上述情况下是

指酒精）含量的上升速度。上升越快，释放的多巴胺越多，表明越兴奋，产生的渴望越多。

这就是为什么点燃抽吸的快克可卡因比鼻吸的可卡因粉更有吸引力：抽吸会更快地激发更多的多巴胺。普通的可卡因不能被抽吸，高温会破坏它。把它加工成快克可卡因就能抽吸了，而药物通过肺部还是鼻子进入身体，是完全不一样的。

当可卡因粉末飞入鼻孔时，它落在鼻黏膜上。鼻黏膜位于鼻子内部，因为表面有血管而呈红色。可卡因通过这些血管进入血液，但效率不是很高，因为空间不够大。有时，被鼻子吸进去的可卡因粉末是无法进入他们的身体的，因为黏膜表面没有足够的空间容纳它们。

这并不是说用鼻子吸可卡因不危险或不让人上瘾，只是有一种方法可以让它变得更危险、更易上瘾，那就是抽吸。抽吸快克可卡因会使可卡因的吸收更有效。与鼻黏膜不同，肺部的表面积很大，相当于半个网球场，里面充满了数亿个微小的气囊。那里有足够的空间，当汽化的可卡因进入肺部时，它会直接通过血液进入大脑。这种突然爆发会让多巴胺系统受到严重的冲击。

血液中毒品含量的上升也会促进多巴胺的释放，这也是很多上瘾者堕落到最后要向静脉注射毒品的原因，其他的吸食方式都不足以给他们带来刺激了。然而注射毒品听起来就令人生畏，而且是上瘾者的明显标志，针头的污名和对它的恐惧可能会阻止许多人进一步堕落。不幸的是，通过抽吸的方式使毒品进入大脑的速度和静脉注射一样快，还不用打针。结果就是，许多偶尔使用可卡因的人发展出了最终让他们丧命的毒瘾。当甲基苯丙胺变为可抽吸的形式时，也是同样的效果。

喝醉了与喝高了有什么区别?

喝醉了与喝高了之间有很大的区别,但不是每个人都知道,更不用说理解原因了。

一天晚上,你来到酒吧,开始喝酒。喝酒时总是一开始的感觉最好。酒精含量快速上升,感觉也不错——这是多巴胺带来的快感,它直接依赖于酒精进入大脑的速度。然而,随着夜幕降临,酒精含量增加的速度减慢,多巴胺也随之停止,快感就被醉酒替代。酒精含量上升的早期阶段可能表现为精力充沛、感觉兴奋和快乐。相反,醉酒的特征是镇静、协调性差、言语不清和判断力差。酒精进入大脑的速度决定了饮酒者的感觉有多兴奋,而决定醉酒程度的是饮酒总量,不是饮酒速度。

缺乏经验的酒徒会把这两者搞混。当他们开始饮酒时,血液中的酒精含量会升高,他们体验到了多巴胺释放的快乐,然后错误地认为这种快乐就是醉酒的快乐。于是,他们喝个不停,试图延续一开始的快乐,却一无所获。这么喝的结局很糟糕,通常是以跪到马桶边呕吐收尾。

有些人自己想明白了。我在鸡尾酒会上见到的一位女士说,她总是喜欢喝混合鸡尾酒,而不是只喝啤酒。乍一听好像没什么道理,因为酒精就是酒精,不管它来自啤酒还是代基里鸡尾酒。但是科学证明了这位女士的经验。混合鸡尾酒更浓,往往比啤酒或葡萄酒含有更多的酒精,而且通常加糖,所以人们喝得更快。因此,混合鸡尾酒可以向体内快速输送大量酒精,带来更多的多巴胺刺激,而不是在一整晚的时间慢慢增加醉意。这位女士想要的是快乐，而不是醉酒，所以混合鸡尾酒当然让她感觉更好。她喝几杯鸡尾酒得到的多巴胺，是喝一整晚啤酒都得不到的。

永不停止的渴望

虽然吸毒者的欲望总是不会停止，但他们的大脑也逐渐失去了兴奋的能力——欲望回路的反应越来越小，以至于毒品对他们来说可能与盐水一般无二。[①]

帕特里克·肯尼迪（Patrick Kennedy）是美国罗得岛州第一国会选区众议员，也是已故马萨诸塞州参议员特德·肯尼迪（Ted Kennedy）的儿子，他对毒品的刺激作用会逐渐减弱的现象就有切身体会。他可以说是美国脑科学研究和改善心理健康服务的最重要的倡导者，他自己也在与上瘾和精神疾病做斗争。在半夜开车撞上了美国国会大厦的路障后，他当众承认了自己的问题。在与莱斯利·斯塔尔（Lesley Stahl）的60分钟访谈中，他谈到了自己为什么即使从中得不到快乐了，也要使用毒品。

没有聚会，没有享受，吸毒只是为了减轻疼痛。人们误以为你会享受极度的快乐，但其实你只是不想跌入谷底。

[①] 科学家给长期使用可卡因的人注射类似于可卡因的兴奋剂，发现被注射者释放的多巴胺比被注射相同毒品的健康人少80%。吸毒者释放的多巴胺的量与科学家给他们注射安慰剂（诸如盐水之类的非活性物质）时释放的量大致相同。（本书页下注如无特别说明，均为作者注。）

正因如此，虽然吸毒者使用再多的可卡因（或海洛因、酒精、大麻）也不再感到兴奋，但他们还是停不下来。

还记得面包店里美味的法式牛角包和咖啡给你的惊喜吗？你原本走在路上什么也没期待，好事就出现了，你的多巴胺系统开始行动——你对未来的"预测"是错误的，奖赏预测误差带来了多巴胺的激增。自那之后，你每天都去那家面包店。现在想象一下，你在排队等早晨的咖啡和牛角面包，突然电话响了，是你的老板，工作出问题了。不管你在做什么，她说，马上去办公室一趟。假如你是一个有责任心的人，你就会立刻离开面包店，心中感到愤恨，像失去了什么。

在一个星期六的晚上，一个上瘾者的大脑期待着像往常的星期六晚上一样来一顿可卡因"大餐"，但他一无所获。就像没有吃到牛角面包的上班族一样，没有了毒品的瘾君子也会感到愤恨和若有所失。

当你期望的奖赏没有实现时，多巴胺系统就会关闭。用科学术语来讲，当多巴胺系统处于静止状态时，它会以每秒 3 到 5 次的速度被激发。但当它兴奋时，它的激发速率会激增到每秒 20 到 30 次。当预期的奖赏没有实现时，多巴胺的激发速率会下降到零，而这种感觉很糟糕。

这就是为什么多巴胺的停止会让你感到愤恨和失落，一个正在恢复的毒瘾患者每天保持克制和冷静时也是这种感受。克服上瘾需要付出巨大的力量、决心和支持。不要轻易招惹多巴胺，它的反击会让人招架不住。

持久的欲望，短暂的幸福

放纵自己的欲望并不一定会带来快乐，因为你想要的不一定是你喜欢的。多巴胺描绘出的图景不可能长久保持下去。欲望回路说"如果你买了这双鞋,你的生活就会改变"。生活可能确实会改变,但这不是因为多巴胺的作用。

肯特·贝里奇(Kent Berridge)博士是密歇根大学的心理学和神经科学教授,他是区分多巴胺欲望回路和当下喜欢回路这两种原本纠缠在一起的回路的先驱者之一。他发现,当老鼠尝到糖水时,它会舔嘴唇表示喜欢。而它表达想要的方式则是喝掉更多的糖水。当他将一种增加多巴胺的化学物质注射到老鼠的大脑中时,它会喝掉更多的糖水,但没有表现出更喜欢的迹象。而如果他注射一种能增加当下分子的物质,老鼠嘴唇的刺激性反应就增加了3倍——突然间糖水就变得更加美味了。

贝里奇博士在接受《经济学人》采访时指出,多巴胺欲望系统在大脑中具有强大的影响力,而喜欢回路则又小又脆弱,很难触发。两者之间的区别在于"生活中强烈的愉悦比强烈的欲望更罕见,也更短暂"。

"喜欢"涉及的大脑回路与欲望回路不同,并使用当下化学物质来发送信息,而不是多巴胺。特别是,"喜欢"依赖的化学物质与促进陪伴式爱情的长期满足相同,它们是内啡肽和内源性大麻素。海洛因和奥施康定等阿片类药物是目前最容易上瘾的药物之一,正是因为它们同时扰乱了欲望回路和喜欢回路(多巴胺和内啡肽分别在其中起作用)。大麻也同样如此,它与两个回路相互作用,刺激多巴胺和内源性大麻素系统。这种双重效应导致了不寻常的结果。

多巴胺的增加会让人热情参与自己原本认为不重要的事务。例如,有报道称一些吸大麻的人会站在水池前,看着水龙头不断地滴水,这一平平无奇的景象让他们看得十分着迷。当吸食大麻的人迷失在自己的思想中，漫无目的地在自己创造的想象世界中遨游时，多巴胺的增强效应也就变得更明显。但在某些情况下，大麻也会抑制多巴胺，模仿当下分子的作用。这种情况下，通常与渴望和动机有关的活动，如工作、学习或洗澡，看起来就不那么重要了。

冲动与恶性循环

上瘾者做出的许多决定，特别是有害的决定，都是源于一时冲动。当人们赋予及时行乐更多价值，而对长期后果视而不见时，就会出现冲动的行为。欲望多巴胺压制了大脑中更理性的部分。我们知道自己做出的选择并不符合我们的最大利益，但我们无力抗拒。这就好比我们的自由意志已经屈服于一种强烈的及时行乐的冲动——也许是我们在节食时吃的一袋薯片，也许是一夜挥霍。

促进多巴胺释放的药物也能促进冲动的行为。一个吸食可卡因的上瘾者曾经说："当我吸食可卡因时，我感觉自己好像重生了一样。而这个重生之人想要的第一件东西仍是可卡因。"当上瘾者刺激自己的多巴胺系统时，该系统会要求更多的刺激。这就是为什么大多数可卡因上瘾者在吸食可卡因时都会抽烟。像可卡因一样，尼古丁能够刺激更多的多巴胺释放，而且它更便宜，也更容易获得。

事实上，尼古丁是一种非常规的毒品，因为它除了让你上瘾外，没有什么其他作用。约翰斯·霍普金斯大学医学院精神病学和行为科学教授罗兰·R. 格里菲思（Roland R. Griffiths）博士说："很多人第一次接触尼古丁时，并不喜欢它。它不同于许多其他成瘾药物，因为对于其他成瘾药物，大多数人都喜欢第一次的体验，并会再试一次。"尼古丁不会像大麻一样让你兴奋，不会像酒精一样让你陶醉，也不会像飙车一样给你刺激。有些人说抽烟能让他们更放松，也有人说抽烟让他们更警觉，但实际上，它的主要作用是减少渴望。这是一个完美的闭环。吸烟的唯一目的是上瘾，这样就可以减轻渴望带来的不适感，由此让人体验到快乐，就像一个整天抱着石头的人，终于放下石头时会感觉一身轻松。

欲望在化学分子的滋养下让人上瘾。负责告诉我们喜欢什么或不喜欢什么的系统小而脆弱，远远无法匹敌多巴胺能冲动的原始力量。渴望的感觉变得无法抗拒和不受掌控，不管渴望的对象是不是我们真正关心的，是否对我们有好处，是否有可能杀死我们。上瘾不是性格软弱或意志力不足的表现，它只是欲望回路因过度刺激而进入病理状态时会发生的情况。

过度且长时间地刺激多巴胺，它的能量就会喷薄而出。一旦你被它掌控了，你就要跟随它的步伐。

沉迷赌博的帕金森病人

不是只有娱乐性毒品能够刺激多巴胺，一些处方药也可能会有同等功效。当它们过分刺激欲望回路的时候，奇怪的事情就会发生。帕金森病是一种多巴胺缺乏症，患有这种病的人负责控制肌肉运动的一条通路中多巴胺不足。这条通路，简单地说，就是我们将内心世界转化为行动，以及将意志施加给世界的途径。当这条通路中没有足够的多巴胺时，人就会僵硬和颤抖，并且移动缓慢。治疗方法是吃一些能促进多巴胺增长的药物。

大多数服用这些药物的人没有什么问题，但是大约1/6的病人会变得喜欢追求刺激，以及及时行乐。病理性赌博、性欲亢进和强迫性购物是多巴胺过度刺激最常见的表现。为了研究这种风险，英国研究人员给 15 名健康志愿者服用了左旋多巴。左旋多巴在大脑中合成多巴胺，可以用来治疗帕金森病。他们又给 15 名志愿者服用了安慰剂。没人知道谁用的是真药，谁用的假药。

志愿者服用这些药物之后，研究者让他们去参与赌博。研究人员发现，服用多巴胺增强药物的参与者投入的赌注比服用安慰剂的参与者更大，承担的风险更高。这种效应在男性中比在女性中更为明显。研究人员定期要求参与者对他们的幸福程度进行评分，而这个分数在两组之间没有差异。多巴胺回路的增强促进了冲动行为，而不是满足感——它促进了"想要"，而不是"喜欢"。

科学家们用强磁场观察参与者的大脑内部，发现了另一个效应：多巴胺细胞越活跃，志愿者们期望赢得的钱就越多。

人们经常会这样欺骗自己。在日常生活中，很少有什么事比中彩票的概率更低。比起中彩票，一名女性怀上四胞胎，或者一个人被倾翻的投币式自动售货机砸死的概率都更大。一个人被闪电击中的可能性比中彩票的可能性高出 100 倍还多。然而，还是有成百上千万人买彩票，他们说："总会有人中的。"一位更老练的多巴胺爱好者如此表达他对彩票的热爱："这是一美元的希望。"

期望中彩票可能只是不理性而已，但当人们每天服用多巴胺增强药物时，他们的判断可能就会更扭曲：

2012 年 3 月 10 日，澳大利亚墨尔本 66 岁居民伊恩[①]的律师向联邦法院提交了一份索赔声明。他起诉药物制造商辉瑞，

---

① 为了保护隐私，我们在整本书中对个人及其案例进行了伪装或改写。

称他们的帕金森病药物卡麦角林（商品名Cabaser）使他失去了一切。

2003 年他被诊断出患有帕金森病，他的医生开了卡麦角林这种药。2004 年伊恩的剂量增加了一倍。问题就在那时出现了，他开始频繁地在电动扑克机上赌博。他当时已经退休了，领着微薄的退休金，每月 850 美元。但他每个月都把所有钱都用来赌博，而且这还不够。为了满足自己的冲动，他以 829 美元的价格卖掉了他的车，以 6 135 美元的价格典当了他的大部分家当，并向朋友和家人借了 3 500 美元。接下来，他从 4 家金融机构贷出 5 万多美元的贷款。2006 年 7 月 7 日，他卖掉了自己的房子。

总之，这个人一共在赌博中输掉了 10 万美元。2010 年，当他读到一篇关于帕金森病药物和赌博之间联系的文章时，他终于停了下来。他不再服用卡麦角林，问题也随之消失。

为什么有些服用帕金森病药物的人会有破坏性行为，但大多数人没有呢？这可能是因为他们天生就有容易冲动的遗传特征。过去经常赌博的人比其他人更容易在开始服用帕金森病药物后赌博上瘾，这表明天生的某些性格特征使这些人处于风险之中。

帕金森药物治疗的另一个风险是性欲亢进。梅奥诊所的一个病例系列——对患有某种疾病或在特定治疗过程中的病人进行追踪的记录——里讲到一位接受左旋多巴治疗的 57 岁男子。该男子"每天性交两次，如果可能的话，还会更频繁。他和他的妻子都有全职工作，妻子由于繁忙的日程安排，很难满足他"。在他 62 岁退休后，情况变得更糟了。他向两名年轻的亲戚以及邻居都示爱。最后，他妻子不得不辞掉工作去满足他的性冲动。[①]

另一个病人每天花几个小时在网上的成人聊天室里，以释放自己亢进的性欲——即使是什么药物也没服用的健康人，也很容易受到这些网上色情作品的影响。

当然，就算没有帕金森药物通过你的大脑，你的生活也可能会被对性的沉迷所主宰。想想多巴胺、科技和色情强强联手，就知道结果会有多可怕。

色情作品的力量

诺亚是一名 28 岁的男性，他因为沉迷于观看色情作品而寻求帮助。他在一个天主教家庭长大，第一次接触色情作品是在 15 岁的时候。他在网上找别的东西时，偶然看到一张裸体女人的照片。他说从那时起他就上瘾了。

起初，情况还没有太糟糕。他当时是通过拨号调制解调器上网的，"加载照片要花很长时间"。他很幸运，技术限制了他每日的剂量。他说，开始的照片"尺度也就一般"。随着时间的推移，情况发生了改变。宽带让他可以立即获取图片，而且还可以每天浏览视频。随着他对色情刺激耐受度的提高，平淡的素材已无法满足他，他追求更刺激的享受。

他认为自己的行为是一种罪恶，是一种道德败坏的举动，他用自己的信仰来控制自己的冲动。他定期去忏悔，从中得

---

① 这个问题主要影响男性，但女性也并非不受影响。在梅奥诊所的 13 名患者中，有两名是女性，在开始治疗前都是单身且性行为节制。

到的情感支持帮助他减少了观看。但当他因为工作被调到海外分公司时，一切都失控了。由于不会说当地语言，他逐渐与社会脱离，他的冲动之火燃烧得比以往任何时候都更加激烈。他说："内心的斗争和内在的冲突让一切变得很难，这是一场与自己的战争。"他感到完全失控，不再相信这只是道德败坏。"我需要在化学水平上与之抗争，因为在某些时候我也想要结婚。"

由于互联网，与性有关的图片资料比以往任何时候都更容易获得。有些人认为，即使是不服用任何药物的健康人，也有可能对色情作品上瘾。2015年，《每日邮报》称英国每25个年轻人中就有一个是性瘾者。

该报的一名记者采访了剑桥大学的研究人员，研究人员描述了一系列实验。他们扫描年轻人的大脑，看看他们在观看色情视频时会有什么反应。如预期的那样，他们的多巴胺回路被激活了。当播放普通视频时，回路则恢复正常。

科学家们让另一群志愿者坐在电脑前，发现在互联网上的所有内容中，一丝不挂的女人照片最有可能让年轻男性难以控制地点击。他们还发现，当人们试图专注于其他事物时，向他们展示"极其诱人的性感图片"会分散他们的注意力。（业余科学家可以在家里尝试这个实验。）研究结束时，他们得出结论，互联网上获取色情图片过于容易，也促进了年轻人难以控制的性行为。

便捷性是成瘾的关键

一个东西是否容易获取，是它是否容易成瘾的关键因素。对香烟和酒精上瘾的人比对海洛因上瘾的人多，虽然海洛因对大脑的刺激更容易引发上瘾。香烟和酒精造成的公共健康问题更严重，因为它们更容易获得。事实上，为了减少这些物质引起的问题，最有效的方法就是使获得它们变得更困难。

我们都在公共汽车和地铁上看到过戒烟广告，但它们的作用十分有限。我们也听说过一些在学校开展的项目，教孩子们拒绝毒品和酒。然而，在许多情况下，在这些项目开展之后，毒品和酒的使用反倒会增加，因为它们激起了青少年的好奇心。唯一被证明一直有效的方法是提高对相关产品的税收，并限制它们的销售地点和销售时间。采取这些措施后，使用率就会下降。[①]

如今，烟草越来越受到限制，获取色情作品反而越来越容易。过去，在美国获取色情照片是一件让人备受煎熬的事情。人们不得不鼓起勇气走进一家药店，拿起一本杂志，并希望收银员不是异性。今天，色情图片和视频可以在几秒钟内以私密的方式获得，不需要经历尴尬或羞耻。

我们还不知道沉迷观看色情作品是否和毒瘾完全一样，但它们存在一些共同点。与毒瘾一样，沉迷色情作品的人会花费越来越多的时间来从事这种活动，有时每天要花数个小时。他们放弃了其他活动，只专注于浏览成人网站。与伴侣的性生活逐渐变得稀少，也不那么令人满意。有一个年轻人完全放弃了约会，他说他宁愿看

---

① 然而，提高香烟和酒的价格是有争议的，尤其是在香烟方面。如今，吸烟的人越来越少，坚持下去的人往往是穷人，受教育程度较低。因此，增加香烟税对他们打击最大。这与税收的目的相反，税收体系是为了将负担更多地转移到能负担得起的人身上。不过，这一策略的倡导者认为，这一举措降低了穷人患癌症、肺气肿和心脏病的风险，从而抵消了提高对穷人的税收所造成的痛苦。

色情作品也不愿和女人约会，因为色情作品里面的女人对他没有任何要求，也从不会拒绝他。

与毒品一样，对色情作品的耐受力也会逐渐上升，开始的"剂量"也不再有效。当相同的色情图片反复出现在性瘾者面前时，他们的兴趣就会减弱。随着图片的反复出现，他们多巴胺回路中的活性也降低了。同样的事情也发生在反复观看同一个色情视频的健康男性身上。当看到一个新视频时，他们的多巴胺系统再次活跃起来。他们会经历多巴胺的减少（重复的图片），和多巴胺的快速增长（新的图片），这会使上瘾者不断寻找新的材料，所以他们会不断浏览色情网站，停不下来。人们很难抗拒多巴胺回路的索求，尤其是对于像性这样在进化上十分重要的东西。开展这项工作的研究人员还发现了一个与毒品成瘾相似的"想要/喜欢"分歧："虽然性瘾者在观看色情作品时表现出更高的欲望水平，但他们给色情视频的评分并不一定高。"

电子游戏也会上瘾吗？

能让电脑用户沉迷的不仅仅是色情作品，一些科学家认为电子游戏也会让人上瘾。在某些方面，电子游戏类似于赌场游戏。像老虎机一样，电子游戏用不可预测的奖励给玩家带来惊喜。不过，它们的作用不止如此，它们还有其他特征来促进多巴胺的释放。艾奥瓦州立大学心理学家道格拉斯·金泰尔（Douglas Gentile）在研究这个问题时发现，在 8 到 18 岁的玩家中，有近 1/10 的人对电子游戏上瘾，并因为玩电子游戏而对家庭、社会、学习或心理造成伤害。根据美国病理性赌博研究委员会的数据，这一上瘾比例是赌博的 5 倍。是什么原因造成上瘾者比例的巨大差异呢？

其中一个不同之处在于，金泰尔研究的电子游戏玩家主要是青少年。成年人玩电子游戏更不容易造成严重的负面后果。然而，青少年的大脑还没有完全发育好，所以青少年的行为可能跟大脑受到损伤的成人差不多。青少年大脑与成年人大脑最大的差异在额叶，额叶直到 20 岁出头才发育完全。这会造成问题，因为正是额叶赋予了成年人良好的判断力。它们就像刹车闸，在我们要做一些不太好的事情时警告我们收手。在额叶功能不全的情况下，青少年容易冲动行事，即使他们知道怎么做更好，也容易做出不明智的决定。

不过，电子游戏容易成瘾的原因还不止于此。电子游戏比老虎机更复杂，因此程序员可以加入更多触发多巴胺释放的功能，使玩家难以自拔。

电子游戏都是关于想象的。它们让我们沉浸在一个美梦成真的世界里，这样逃避现实的多巴胺就可以享受无尽的可能性。我们可以探索不断变化的环境，确保惊喜一直都在。我们可能从沙漠出发，走过雨林，然后走在逼真的城镇地狱里一条黑暗的小巷中，接着突然坐上火箭，飞向一个外星世界。

不过，玩家也不仅仅体验到了探索的感觉。电子游戏还关乎进步，它们要让未来比现在更好。玩家在提升力量和能力的同时，也在不断进步，这使多巴胺的梦想成真。为了让玩家一直谨记进步的重要意义，屏幕会一直显示累积得分或不断增长的进度条，这样玩家就不会忘记要一直进步。他们必须继续追求"更多"。

电子游戏里充满了奖赏。游戏玩家通过收集硬币、寻找宝藏或者捕获魔法独角兽来提升等级。玩家的期望总是达不到平衡，因为他们永远不知道下一个奖赏在哪里。有些游戏会让你杀掉怪物获得积分，而另一些则会让你查看宝箱里面有什么。

当玩家打开一个新发现的箱子时，里面可能有他正在寻找的东西，但也不总是如此。如果你需要收集 7 颗宝石，而你打开的每一个箱子里都有一颗宝石，这就是可预测的结果。这样就不会有惊喜，不会有奖赏预测误差，也不会有多巴胺了。而如果你需要打开 1 000 个箱子才能找到一颗宝石，这个任务就太艰巨了，很少有人会坚持下来。那么，游戏开发人员如何确定应该让百分之多少的箱子中包含宝石呢？答案是数据，大量的数据。

网络游戏会不断收集玩家的信息：他们玩多久？什么时候放弃？是什么体验让他们玩得更久，又是什么让他们放弃？根据游戏理论学家汤姆·查特菲尔德（Tom Chatfield）的说法，最大的在线游戏制造商已经积累了关于其玩家的数十亿个数据点。他们知道是什么点亮了多巴胺，是什么关闭了它，尽管游戏设计者并没有想着这些事件是由多巴胺触发的，只是简单地认为它们行之有效。

那么，根据这些数据，箱子中包含宝石的理想比例是多少呢？结果发现 25% 是最佳比例，正是这个比例能让人们玩得最久。此外，其余 75% 的箱子也不应该空着，游戏开发者把低价值的奖励放在没有宝石的箱子里，这样每个箱子都会有惊喜：可能是个小硬币，可能是你的步枪的一个新射程，可能是一副让你的角色看起来很酷的太阳镜。它也可能是个特别厉害的宝物，可以为你打开与游戏互动的全新方式。但查特菲尔德告诉我们，得到这样的奖励的概率是千分之一。（顺便说一句，游戏可能不会让你只收集了 7 颗宝石就进入下一个等级。数十亿个数据点告诉我们，让人们玩游戏时间最长的数字是 15。）

值得一提的是，在电子游戏中，当下的愉悦也有助于提升其吸引力。很多游戏可以让你和朋友一起玩。当我们为了娱乐而与同伴一起社交时，我们所获得的享受就是一种当下的体验。而且，聚在一起完成一个共同目标，这种行为也是由多巴胺驱动的，因为我们正朝着一个更好的未来而努力（即使只是占领敌方基地）。电子游戏能满足这两种类型的社交乐趣。

许多电子游戏的画面也很漂亮，这是刺激当下快乐的另一种方式。事实上，一些游戏的制作堪称惊艳，因为游戏公司为创造它们投入了大量人才和资源。《洛杉矶时报》报道说，网络游戏《星球大战：旧共和国》的开发有来自四大洲的 800 多人参与，花费超过两亿美元。这款游戏创造了一个广阔的世界，完成所有故事情节需要 1 600 小时。花那么多钱来创造一个游戏是有风险的，但也有可能获得巨大的回报。《侠盗猎车手》是最成功的电子游戏系列之一，它的第五代版本在短短三天内就销售了 10 亿美元。美国人每年在电子游戏上的花费超过 200 亿美元，而他们在电影票上的花费只有这个数字的一半，即使是在 2016 年这一美国历史上最大的票房年。[①]

自我抑制的回路

把想要和喜欢混为一谈是很自然的。我们会喜欢自己想要的东西，这似乎显而易见。如果我们是理性的生物，这句话确实应该成立。虽然我们认为我们是理性的生物，但一切证据都表明，我们不是。我们经常想要自己不喜欢的东西，欲望也可能会引导我们追求那些可能破坏我们生活的事物，如毒品、赌博和其他失控的行为。

---

① 截至本书英文版出版的 2018 年。——编者注

多巴胺欲望回路很强大，它将注意力、激励和刺激集中起来，对我们做出的选择有着深远的影响。然而，它并不是万能的。上瘾者也会去戒烟、戒酒、戒毒，暴饮暴食者也会去节食减肥，有时我们会关掉电视，离开沙发去跑步。什么样的大脑回路强大到足以对抗多巴胺呢？答案是多巴胺，多巴胺可以对抗多巴胺。与欲望回路相反的回路可以被称为"多巴胺控制回路"。

前文说过，在许多情况下，聚焦于未来的多巴胺会阻碍当下分子回路的活动，反之亦然。如果你在想去哪里吃晚餐，你可能就不喜欢午餐吃的三明治的色香味了。但是在面向未来的多巴胺系统内部，也存在相左的意见。

为什么大脑会产生互相对抗的回路？说起来，让大家齐心协力不是更有意义吗？事实上并非如此，包含对立力量的系统更容易控制。这就是为什么汽车既有油门又有刹车，也是为什么大脑要使用相互对抗的回路。

额叶不出所料地参与多巴胺控制回路，额叶是大脑的一部分，有时也被称为新皮质，因为它是最近才进化出来的。就是它使人类独一无二。它给了我们更多的想象力，让我们能够将自己投射到比欲望回路更遥远的未来，制订更长期的计划。通过它，我们也能够创造新的工具和抽象概念来最大限度地利用未来的资源，这些概念超越了此时此地的感官体验，就像语言、数学和科学一样。它是非常理性的，感觉不到情绪，因为情绪是一种当下的现象。我们将在下一章看到，它冷酷无情、精打细算，会不惜一切代价来实现它的目标。

没有理性的冲动势单力薄，没有冲动的理性是糟糕的权宜之计。

——威廉·詹姆斯

冷静的判断远胜草率的建议。

——伍德罗·威尔逊

第 3 章

×

掌控的力量

你能走多远？

多巴胺驱使我们克服复杂情况、逆境、情绪和痛苦，

让我们掌控周遭的环境。

规划与计算

仅仅是"想要"很少能让你得到任何东西。你必须弄清楚如何获得它，以及它是否值得拥有。事实上，如果我们做事时不考虑怎么做和下一步做什么，失败甚至不是最坏的结果。结果可能从吃得有点儿多发展为不计后果的赌博、吸毒，甚至更糟的事情。

充满欲望的多巴胺使我们想要某个东西，它是原始欲望的来源："给我更多"。但我们不完全受欲望的支配，我们还有一条互补的多巴胺回路，它可以计算出有哪些东西是值得拥有更多的。它给了我们制订计划的能力，通过规划统治我们周围的世界，使我们得到想要的东西。一种化学物质如何能同时做两件事情？想想为宇宙飞船的主引擎提供动力的火箭燃料就明白了。推动火箭前进的燃料可以被用来驱动定向推进器以控制飞船，也可以反向驱动火箭来减慢它的速度。这一切都取决于燃料在点燃之前经过的路径——它可能会有不同的功能，但所有功能都是为了使宇宙飞船到达目的地。类似地，多巴胺通过不同的大脑回路也会产生不同的功能，并朝着一个共同的目标前进，这个恒久的目标就是让未来更美好。

经过中脑边缘回路的多巴胺会产生冲动，我们称该回路为多巴胺欲望回路。计算和规划（控制各种情况的手段）来自中脑皮层回路，我们称之为多巴胺控制回路（图3-1）。为什么称之为控制回路？因为它的目的是管理欲望多巴胺不可控的冲动，将这种原始能量引向对我们有利的终点。此外，通过使用抽象的概念和前瞻性的策略，它使我们能够控制周围的世界，并支配我们的环境[1]。

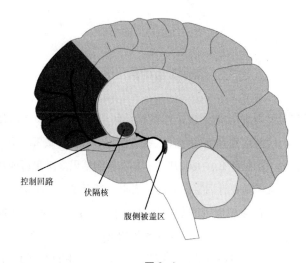

图 3-1

此外，多巴胺控制回路是想象力的源泉。它让我们一窥未来，看到我们现在做出决定的后果，从而让我们选择我们更喜欢的未

---

[1] 本书中对"环境"一词的定义与常规定义有所不同。当大多数人想到环境时，他们脑中呈现的是自然世界，通常是我们需要保护的东西，就像"环境保护主义"里面的环境一样。但神经科学家所说的"环境"指的是影响我们行为和健康的外部世界中的一切事物，与来自我们基因的影响相对。因此，环境不仅包括山、树和草，还包括人、关系、食物和住所等。

来。最终，它使我们能制订出计划，使那个想象中的未来成为现实。正如欲望回路只关心我们没有的东西一样，控制多巴胺作用于虚幻的世界中。这两个回路从同一个地方开始，但欲望回路结束于大脑中激发兴奋和热情的部分，而控制回路则走向额叶这个大脑中专门负责逻辑思维的部分。

两个回路都考虑到了"幻影"——并非现实存在的东西。对于欲望多巴胺来说，这些幻影是我们希望拥有但目前还没有的，即我们想要在将来拥有的。对于控制多巴胺来说，幻影是想象力和创造性思维的基石，包括思想、计划、理论、抽象概念（如数学和美），以及尚未形成的世界。

控制多巴胺让我们超越了原始多巴胺的"想要"。它为我们提供了理解、分析和给周围世界建立模型的工具，因此我们可以推断可能出现的情况，把它们进行比较和对比，然后精心制订实现目标的方案。这是一种深入而深刻地执行进化命令——尽量保护更多资源的方式。欲望多巴胺是坐在汽车后排的孩子，每次他看到麦当劳、玩具店或人行道上的小狗，就会朝他的父母喊"快看！快看！"。控制多巴胺则是相当于控制方向盘的父母，他们倾听每一个请求，考虑是否要停下来，并决定如果停下来该怎么做。控制多巴胺利用欲望多巴胺提供的兴奋和动力，评估选项、挑选工具，并制定策略来获得想要的东西。

例如，一个年轻人打算买他的第一辆车。如果他只有欲望多巴胺，他会买最吸引他眼球的那一辆。但由于他也有控制多巴胺，他能重新思考这种冲动。有很多理由让他做出选择，比如如果这个年轻人很节俭，那么他就会以最低的价格购买一辆他认为最好的车。他会充分利用欲望多巴胺的能量，花费数小时上网浏览汽车评论网站，制定讨价还价的策略。他会尽量了解每一个细节，这样他就可以最大限度地提高这次购买的价值。当他和汽车经销商面对面坐下时，他已经做好了充分的准备，对一切了如指掌。他的感觉很好：掌握了所有可用的信息，掌控了整个购车局势。

设想一个女人开车上班，绕了个弯子，避开了早高峰的堵车，到达车站。她导航到停车场一个鲜为人知的闲置角落，很容易就找到了一个停车位。她在站台上等车的位置也是精心选择的，她知道通勤列车停下时车门会在这里打开，在这里等车就能排在队伍的前面，上车后能找到一个座位坐下，开始去城里的长途旅行。她的感觉很好：她掌控着整个通勤的过程。

把事情弄清楚是有趣的，而为买车和通勤这些繁杂的"游戏"制定策略也是有趣的。为什么？像往常一样，多巴胺的功能来自进化和生存的需要。多巴胺鼓励我们最大限度地利用资源，因此，当我们把一件事情做得更好，使我们的未来成为一个更好、更安全的地方时，多巴胺就会奖励我们，给我们一点儿"躁起来"的感觉。

多巴胺带来的韧性

我没有失败，我只是发现了 10 000 种不起作用的方法。

——托马斯·爱迪生

一个刚从大学毕业的年轻人来看心理专家，因为他发现自己在新的环境里找不到方向。他在学校里并不出众，但他按部就班地读完了四年课程并按时毕业了。他相信是学校的组织和按时完成学业的内在压力帮助他走上正轨并维持了这种状态。但现在他有些迷茫。

他没有工作，也不知道自己想做什么，他唯一感兴趣的是抽大麻。他曾经做了一段时间的餐馆服务员，但因为总是迟到或干脆旷工而丢掉了这份工作。他父亲给他找了一份办公室工作，但他也没干多长时间，因为办公室里的每个人都看出他对这份工作毫无兴趣。他很粗心，也很无聊，最后所有人都不愿意跟他打交道了。

感情也是如此。他上大学的时候，和一个年轻姑娘保持着长期的交往关系，但毕业后两个人分手了。他的治疗师认为这是一件好事，因为她总是利用他，让他买礼物，并要求他做各种各样的杂事，但并没有表现出多么爱他。他知道她不在乎自己，但他还是去找她求复合，希望重新开始这段关系。她拒绝了，但继续以她所能想到的所有方式利用他，例如，让他开四个小时的车，送一盏台灯到她的公寓。

治疗失败了。这是一项艰苦的工作，而这个年轻人没有成功。他尝试了四个不同的治疗师和各种治疗手段，但没有任何改变。三年后，他仍然不知道自己要做什么，仍然抽大麻，仍然想和他的前女友复合。

世界并非总是如我们期望的样子运转。小时候我们就知道透明胶带适合用来修复撕碎的纸，但不适合修复破损的玩具和打碎的餐盘。在车库里开发下一代颠覆性技术的企业家经常惊讶地发现，成功的大门并没有就此向他们敞开。成功需要多年的努力和对最初想法的不断修正，在上市前你几乎都不知道你在做什么。仅仅想象一个未来是不够的。要实现一个想法，我们必须与物质世界里不妥协的现实做斗争。我们不仅需要知识，还需要坚韧不拔的品质。

多巴胺，一种面向未来成功的化学物质，正可以帮助你实现这一过程。

坚韧的老鼠

在实验室里研究坚韧性的一种方法是测量老鼠愿意花多大力气获取食物，即愿意按压多少次杠杆以让食物丸从滑槽进入笼子。通过增加获得食物所需的按压杠杆的次数，科学家就可以弄清楚老鼠是否有决心相应地增加自己的努力。

来自康涅狄格大学的研究人员想看看是否能通过改变老鼠大脑中多巴胺的活性来控制它们的坚韧性。他们让一笼子老鼠只吃低热量的饮食，直到减掉15%的体重——相当于一个成年人减重大约25磅（约10千克）。在这些老鼠饿得头晕眼花的时候，科学家们给了它们一个机会，让它们用工作来换取生物服务（Bioserve）公司的一种食物片剂。这种片剂十分美味（至少对老鼠来说是这样），口味各异，有巧克力棉花糖味、凤梨朗姆酒味和培根味。

研究者先把老鼠分成两组。第一组为对照组，除了日常饮食之外什么也没做。对于第二组，科学家们将一种神经毒素注射到它们的大脑中，破坏了一些多巴胺细胞。然后他们开始了实验。

第一个实验很简单。为了得到美食，每只老鼠只需按一次杠杆。由于基本上不需要任何努力，也就是不需要坚持不懈，所以本实验确立了一个基线：它表明缺乏多巴胺的老鼠和正常的老鼠一样喜欢这种美食。这一点很重要，因为如果缺乏多巴胺的老鼠不再想要这种食物，科学家们就无法测试它们会为此付出多大的努力了。

在不需要多少努力时，缺乏多巴胺的老鼠会像正常老鼠一样多次按下控制杆，吃掉它们得到的食物。这个结果并不令人惊讶，因为喜爱和享受不会因为多巴胺的改变而改变。不过，当老鼠需要付出更多的努力时，情况发生了变化：

当所需的按压次数从 1 次增加到 4 次时，正常老鼠在 30 分钟内按了近 1 000 次杠杆。缺乏多巴胺的老鼠则没有那么积极，它们只按了大约 600 次杠杆。

当需要按 16 次杠杆才能获得食物时，正常老鼠按了近 2 000 次杠杆，而缺乏多巴胺的老鼠几乎没有增加次数。虽然它们获得食物的概率缩小到了 1/4，但它们不愿意更努力地工作了。

最后，获得一顿美餐的要求提高到 64 次按压。正常老鼠在整个 30 分钟内，大约会按压 2 500 次，超过每秒一次。而缺乏多巴胺的老鼠的按压次数根本没有增加。事实上，它们压得比以前更少——它们干脆放弃了。

去除多巴胺似乎会削弱老鼠的工作意愿。而另一个实验进一步证实受到影响的其实是韧性，而不是喜欢程度。

冰激凌总是很美味，但是如果你刚吃完一顿大餐，你可能不会像平时那样想吃甜点。你想吃多少冰激凌与你是努力工作还是懒惰无关，只是因为当你不饿的时候，食物并没有那么重要。因此，科学家们为实验增加了一个新的维度：他们操纵了饥饿。

科学家们用一组新的老鼠进行实验，他们先让老鼠饱餐了一顿。在每种情况下，即使只需要一次按压，吃饱的老鼠按压杠杆的次数都只有饥饿老鼠的一半。当要求加倍时，它们的努力加倍。当要求四倍的努力时，它们的努力也增加到四倍。但它们的按压次数总是约为饥饿老鼠的一半。它们没有松懈，也没有放弃。它们只是不想吃那么多的食物，因为它们不饿。

这个结果揭示出一个微妙但至关重要的区别。饥饿感（或饥饿感的缺失）改变了老鼠眼中这些食物的价值，但没有降低它们工作的意愿。饥饿是一种当下的现象，是一种直接的体验，而不是一种由多巴胺驱动的预期体验。控制饥饿或其他感官体验会影响通过工作获得的回报的价值，但正是多巴胺使这项工作成为可能：没有多巴胺，你就不会努力。

这项实验帮助我们了解了多巴胺是如何影响我们在努力工作和偷懒之间做出的选择的。有时候我们想吃一餐精致的饭菜，并愿意为之努力。但有些时候，我们只想"吃素"——我们会坐在电视机前撕开一袋奇多奶酪条，而不是去做一顿简单的饭，尽管它可能只需花费几分钟。因此，实验的下一步是确定选择元素。

科学家们在一个笼子里面放了一台"生物服务"食物片发放机器和一碗实验室食品。实验室食品虽然清淡，但免费供应，不需要努力就能获得。为了得到更美味的"生物服务"食物片，老鼠需要按压4次杠杆——这点儿努力不算什么，但也要努力。多巴胺正常的老鼠直接去按压杠杆，获取"生物服务"食物。它们愿意做点儿小努力，以得到更好的东西。另一方面，多巴胺耗尽的老鼠则转头去拿容易获得的实验室食品。

多巴胺驱动了努力。这种努力的特征可能受到其他很多因素的影响，但如果没有多巴胺，努力从一开始就根本不会存在。

自我效能的提升

要刺激老鼠，可能一顿培根味的美餐就够了，但人类更复杂。我们要成功，首先必须相信我们能成功。而这会影响韧性。如果早早地取得一些成效，我们就更容易坚持下去。一些减肥计划可以帮助你在头几周减掉六七磅（约 3 千克）。这样安排是因为他们知道，如果开始的这段时间只减掉不超过一两斤，你很可能就会放弃。他们知道，看到自己有能力把体重减下去，你就更有可能坚持下去。科学家把"相信自己能做到"的心态称为"自我效能"。

可卡因和苯丙胺等药物会促进多巴胺的分泌，其结果之一是自我效能的提高，通常会达到病理水平。滥用这些药物的人可能会自信地承担很多任务，甚至超出自己的能力。重度使用者甚至可能产生浮夸的妄想。他们会坚信自己能写出世界上最杰出的论著，或者发明一种能解决世界性问题的装置，即使没有任何证据表明这一点。

在正常情况下，强健的自我效能是一项宝贵的财富。有时它能成为一个自我实现的预言：充满信心地期待成功会让你眼前的障碍消失。

药物的副作用：乐观、减肥和死亡

20 世纪 60 年代初，医生开了大量苯丙胺，这种药能提升多巴胺水平，当时的广告称它可以促进"愉快、精神警觉和乐观"。大多数苯丙胺处方都是开给女性的（女性被开这种药的频率是男性的两倍），用于"调整她们的精神状态"。一位医生描述说，苯丙胺让她们"不仅能履行职责，而且能真正享受责任"。换句话说，如果你不喜欢做饭或打扫卫生，那么它有助于你提高效率。

但这不是全部，除了让家庭主妇快乐和富有成效外，它还让她们保持苗条。据《生活》杂志报道，仅在 20 世纪 60 年代，每年就有 20 亿片药被用于此目的。尽管服药的女性确实减了肥，但这只是暂时的，而且往往代价很高。一旦停止使用药物，体重马上恢复。而继续使用药物，耐受性会增强，因此使用者必须服用越来越高的剂量才能达到同样的效果。这是很危险的，因为过量的苯丙胺会引起性格的改变，还可能导致精神病、心脏病发作、中风和死亡。

"我觉得自己很迷人、机智、聪明，跟每个人说话都很有魅力。"一个服用苯丙胺的人写道，"我总是想以耿直和乐于助人的借口，对（工作中）反应迟钝的顾客做出微妙而居高临下的评论。我的家人还告诉我，我越来越傲慢，喜欢明嘲暗讽，优越感极强。我的弟弟告诉我，最近我很臭美，但我觉得他可能是在嫉妒我。"另一个服用者简单地描述道："我觉得自己高速运转，充满活力，无所不能。"但问题是，使用这种药物会带来致命的副作用。

一个大学生需要坐飞机回家度春假。和大多数大学生一样，她手头紧张，所以她订了一张机场巴士的票，只需 15 美元。机场巴士有固定的停靠时间，她准备中午 12:30 在附近的一家酒店楼下上车。

直到下午 1 点，车还没到，这时候她开始紧张起来。1 点 30 分左右的时候，车还没到，她知道肯定出了什么问题。到了 2 点，她开始出汗了。她不停地给服务人员打电话，每次都有人向她保证"司机在路上"。她之前拒绝了门童帮她叫出租车的友好提议，而现在她已经没有时间了。

　　花了 40 美元，她用 30 分钟到达了机场，径直走向班车预订处。她要求他们赔偿机场巴士和出租车费用的差额，说这显然是他们的错。他们答应 12:30 来接她，但没有履行诺言，导致她只能选更贵的出租车，这是不公平的。预订处的职员无权付钱给她，但这位女士振振有词，非常确信自己是对的。没过多久，职员便打开收银机，递给她 25 美元。

　　这是怎么发生的？一个对成功充满信心的期望是如何让别人让步，做出看似不符合他们利益的事情的？这通常是因为这件事情发生在他们的意识之外。

　　斯坦福大学商学院的研究人员研究了微妙的非言语行为如何影响人们对彼此的感知。他们指出，当人们伸展自己的肢体，占据大量空间时，他们就被认为占据了主导地位，或者说具有控制力。相反，当他们收紧肢体，占用尽可能少的空间时，他们就被认为是顺从的。

　　研究人员设计了一项研究来探讨主导或顺从的非言语表现带来的影响。他们把两名同性放在一个房间里，让他们讨论一些名画的照片。研究者这样做是为了隐瞒研究的真实性质——只有其中一个人是真正的被试者，另一个其实是研究人员手下的工作人员。工作人员要么采取控制性姿态（一只胳膊搭在旁边的空椅子上，跷着二郎腿，右脚踝靠在左大腿上），要么采取顺从性姿态（双腿并拢，双手放在膝盖上，微微前倾）。研究人员想知道，被试者会模仿工作人员的姿态，还是采取互补、相反的姿态。

大多数时候，我们都会模仿与我们交谈的人的行为。如果一个人用手触摸他的脸或者做手势，另一个人也会做同样的动作。但这次不同了。当涉及控制和顺从的姿势时，被试者更倾向于采取互补的姿势，而不是照搬相同的姿势。控制触发了顺从，顺从触发了控制。

但也不是所有人都如此，也有少数被试者模仿了工作人员的动作。这会对两人的关系产生影响吗？研究人员对被试者做了一个调查，想知道他们在与工作人员的互动中体会到了什么。他们喜欢工作人员吗？和工作人员在一起感觉舒服吗？结果发现，不管工作人员是采取控制还是顺从的姿态，采取互补姿势的被试者都更喜欢工作人员，而且与模仿工作人员的被试者相比，他们与工作人员的相处也更舒服。

最后，研究人员问了被试者一系列问题，以确定他们是否意识到了自己对工作人员的反应。他们知道自己的姿势受到房间里另一个人的姿势的影响吗？结果表明，他们对此一无所知。这一切都发生在他们的意识之外。

我们无意识地知道，当别人对成功抱有很高的期望时，我们就会给他们让路。我们会服从他们的意志——在控制多巴胺的驱动下，他们的自我效能得到了完全的表达。我们的大脑之所以进化成这样，有一个充分的理由：参加一场你无法取胜的比赛可不明智。如果你发现对手对成功抱有很高的期望，那么你想要获胜就不那么容易了。这种行为在非人类灵长类动物中也很明显。观察到对方有控制性姿势的黑猩猩会后退并蜷缩起来，使自己看起来尽可能小。而有黑猩猩对控制性姿势做出反击，通常标志着两只黑猩猩即将开始长期的冲突，而这一冲突的结果往往是暴力相向。

体育场上的逆转

　　体育史上充斥着关于弱者逆袭的故事：天才从贫寒的环境中脱颖而出，二线选手凭着一腔孤勇赢得冠军，临时队员成为职业选手，简而言之就是后来居上，击败另一名球员、另一支球队或生活本身取得胜利。这几乎是体育电影永恒不变的主题：《光辉岁月》《追梦赤子心》《少棒闯天下》《红粉联盟》《洛奇》《篮球梦》和《龙威小子》。但问题仍然存在：为何一个球员或一个团队能战胜在技术和能力上明显胜于他们的对手？这种情况经常发生，不能只归因于运气。答案正是自我效能。体育界中最知名的自我效能例子之一发生在1993年1月3日美国职业橄榄球大联盟（NFL）的一场季后赛中，球迷们称之为"大反超"。

　　在第三节比赛中，布法罗比尔队以3∶35落后于休斯敦油工队。比尔队的球迷们已经在出口处排队等候，休斯敦电台的一位播音员说，虽然球场的灯光从早上起就一直亮着，"但现在比尔队一侧的灯已经可以关掉了"。

　　但随着时间的流逝，情况开始发生变化。运气发挥了一定的作用——糟糕的一脚、一个对比尔队有利的可疑判罚，但即便如此，也不能解释团队所经历的逆袭。在这场反超中，比尔队在10分钟内得了21分。一名球员后来回忆说："我们完全是随心所欲地得分。"看到油工队无法阻止他们，一名边线的比尔队球员开始大喊："他们不想赢！他们不想赢！"比尔队具有一种相信自己会获胜的意志，在那一天他们的自我效能超越了对手的技能和能力。比尔队把比赛拖入加时赛，并以一个32码外场进球获胜，总比分定格在41∶38。这场胜利是 NFL 历史上落后最多的反超。

值得注意的是，比尔队的明星四分卫吉姆·凯利（Jim Kelly）前一周刚受伤，在与油工队的比赛中未能上场，他由替补弗兰克·赖希（Frank Reich）替代。而赖希也是大学橄榄球史上最大反超纪录的保持者。10 年前，他带领马里兰水龟队从上半场的 0∶31 落后，最后以 42∶40 战胜了战无不胜的迈阿密飓风队。比尔队战胜油工队 4 年后，由四分卫托德·柯林斯（Todd Collins）率领的球队从 26 分落后追上来并反超，击败印第安纳波利斯小马队，创下常规赛第二高分纪录。布法罗比尔队的自我效能似乎总能自我增殖，成功激发自信，而自信又产生了成功。

假装待人和善有用吗？

在狂怒之下把订书机扔到房间另一边后，詹姆斯被老板建议去做心理治疗。詹姆斯已人到中年，在一家大公司里担任副总裁。他为人不够随和，他成功的唯一原因是他具有坚韧的品格且工作努力。他告诉治疗师，如果他没有把自己变成有用之才，他早就被解雇了。问题在于他总是生气。

他小时候被虐待过，而且他从来没有与这段经历和解。他从未告诉过任何人这件事，并试图说服自己这段经历没有什么影响，毕竟都是很久以前的事了。他离过两次婚，后来就放弃了恋爱，全心全意地投入工作。

多年来，他易怒的情况越来越严重。有一次，他对一个撞了他的购物车的女人大喊大叫，并因此被赶出去。还有一次，他因车费问题与出租车司机发生推搡，还因而被捕。对他的指控最终被撤销，这使詹姆斯确信他一点儿错都没有。然而，现在他却很担心。他的工作对他来说意味着一切，他愿意不惜一切代价来保住它，甚至是面对自己的过去。

詹姆斯的情绪恢复力很弱，他的治疗师担心提起旧日的创伤会激活不安的情绪，使他的行为变得更糟。所以在他们开始探索过去之前，他们一起讨论了如何使现在的压力减轻一点儿。治疗师想找到一种方法来减少詹姆斯和其他人之间的冲突，于是她让詹姆斯试着去操纵别人。

虽然詹姆斯不容易相信别人，但他也不愚蠢。他很快意识到，他可以通过微笑而不是盯着别人看来达到目的。他开始早上问候他的同事，不是因为关心他们，而是因为这能让他们更容易按时完成任务。他会在团队不得不加班时为同事们点比萨饼，还会称赞同事们的外表。他成了一个老到的操纵者。

他很享受这种状态。他喜欢这个新的力量之源，但也喜欢同事们回报给他的微笑。转折点发生在一个行政助理泪流满面地闯进他的办公室，告诉他有人以她的名义开了一个信用卡账户，而现在她正受到一家代收欠款机构的威胁的时候。她之所以向他诉说，是为了得到安慰和建议。那周的晚些时候，他和他的治疗师开始谈论他的过去。

到目前为止，我们主要把控制作为唯一的追求，但我们无法只靠自己实现每一个目标。下面我们要考虑与他人合作所需的控制能力。

为了实现一个目标而形成的关系被称为代理关系，它由多巴胺来控制。在这种关系中，其他人是你的延伸，是帮助你实现目标的代理人。例如，我们在社交活动中建立的关系主要是代理关系，这类关系通常会给双方都带来利益。为了享受社会交往本身而形成的关系则叫亲和关系。与另一个人在此时此地经历的简单的快乐，和当下神经递质（如催产素、血管升压素、内啡肽和内源性大麻素）有关。

大多数关系都包含亲和与代理两种要素。喜欢一起出去玩的朋友（亲和关系）也可以合作共同完成一些任务，例如计划一次漂流旅行或一场夜店之旅（代理关系）。以代理关系为主的同事也可能会喜欢彼此的陪伴。有些人更喜欢代理关系，因为他们喜欢条理清楚，而另一些人更喜欢亲和关系，因为他们觉得那样更有趣。有些人对两者都很应付自如，有些人对两者都不擅长。

每种不同的关系偏好都代表着不同的个性类型。代理型的人往往性格冷静而疏远，亲和型的人则温和而热情，他们喜欢社交，会向他人寻求支持。既善于处理亲和关系又擅长处理代理关系的人通常都是态度亲和、容易相处的领导者，如比尔·克林顿或罗纳德·里根。不太善于处理代理关系的人更有可能是友好且容易相处的追随者。在亲和关系上有困难但精通代理关系的人可能是冷漠无情的人，而两种关系都不擅长的人则给人性格孤僻的印象。

代理关系的建立是为了控制环境，以尽可能多地从中获取可利用的资源，这是控制多巴胺掌管的领域。尽管我们认为控制是一种积极的，甚至是有些侵入性的活动，但也不一定。多巴胺不关心如何获得某种东西，它只是想得到它想要的。因此，代理关系也可能是被动的，例如经理在员工会议上通过保持沉默获得他想要的结果。

代理关系很容易带有剥削性质，例如科学家让人们参加一个危险的实验而不告知风险，或者一个雇主以虚假的借口雇用某人，以压榨劳动者的辛苦劳动。但代理关系也可以充满美丽的人性光辉。美国诗人拉尔夫·沃尔多·爱默生写道："你知道真正的学者的秘密吗？那就是：我遇到的每一个人，在某个时候都是我的主人，而我要向他学习。"

无论一个人多么无知、卑微或愚蠢，他都知道并掌握一些爱默生认为有价值的东西。爱默生希望从所有人身上找到智力的价值，不管他们在生活中的地位如何。这是一种代理型的关系，因为这种关系是为了获得知识。这与有人陪伴的当下乐趣无关。这句话有趣的点是，爱默生称这样的人为"我的主人"。他通过顺从来描写控制，而这种顺从表现为尊重、谦逊和服从。

顺从的猴子，谦卑的间谍

伊利诺伊州精神病研究所的研究人员给短尾猕猴注射了一种多巴胺促进药物，他们观察到猴子顺从的动作有所增加，比如咂嘴和扮鬼脸（这相当于猴子在微笑），以及伸出手臂给其他猴子轻咬一口。从表面上看，这种反应令人无法理解。为什么控制性神经递质多巴胺会触发顺从行为？这不是矛盾吗？一点儿也不矛盾。在控制回路中，多巴胺驱动的是控制环境，而不一定是环境中的人。多巴胺想要更多，但它不在乎它是如何得到的。无论道德还是不道德，控制还是顺从，对多巴胺而言都是一样的，只要它能使未来更好。

设想一个打入敌国的间谍试图进入政府大楼。他在一条小巷里徘徊时，不小心撞上了门卫。为了让门卫配合，间谍会将门卫视为平级甚至是上级——顺从行为的目的是控制环境和达到目标。

顺从行为可能包含消极的含义，例如任人摆布，但它的范围要比这宽得多。在现代社会中，顺从行为往往是社会地位提升的标志，比如严格遵守礼仪、注意社会习俗，以及在谈话中尊重他人，这些行为是所谓"精英"行为的一部分。它们有一个共同的名称，叫作"礼貌（courtesy）"，源自"王宫（court）"这个词，因为它最初是贵族行为。相比之下，与礼貌相反的控制行为可能源于个人的不安全感或教育的不完善。

规划、坚韧和意志力可能体现在个人努力中，也可能体现在与他人的合作中，这些是控制回路多巴胺帮助我们支配环境的方法。但是，当系统失去平衡时，我们会有何表现和感受呢？特别是当控制多巴胺过多或过少时，会发生什么呢？

外太空的挑战与内心世界的斗争

《GQ》杂志：去月球感觉怎么样？

巴兹·奥尔德林：我告诉你，我们不知道自己有什么感觉。我们当时没有感觉。

《GQ》：当你在月球上行走时，你的情绪如何？

奥尔德林：战斗机飞行员没有情绪。

《GQ》：但你是一个人！

奥尔德林：我们的血管里只有冰。

《GQ》：你不是说过，"我要进入那个（易碎的月球舱），然后登陆月球"吗？那里有没有让你大吃一惊？

奥尔德林：我了解它的构造。它有起落架，有可压缩的支柱，还挂着探头。这简直是一个工程奇迹。

——对巴兹·奥尔德林的访谈

　　巴兹·奥尔德林上校没有因为在月球上行走而得意扬扬，而是对他的崇拜者说"这已经成为过去，现在我们该做些别的事情了"，就好像他只是给一道篱笆涂了层油漆一样稀松平常。他不愿享受荣耀，而是希望找到"别的东西"——下一个可以引起他兴趣的重大挑战。永不疲惫地锁定下个目标，并计算实现方法的个性，也许是他获得历史性成功的最重要的因素。但是让这么多的多巴胺通过控制回路并不容易。在登月行动之后，奥尔德林经历了抑郁、酗酒、三次离婚、自杀的冲动，还住过精神病院。他在自传《壮丽的荒凉：从月球回家的漫长旅程》中描述了这些经历。几乎可以肯定，多巴胺在其中发挥了重要作用。

　　欲望多巴胺会促进毒瘾，让人追求快感，但收获的多巴胺刺激越来越少，同样，有些人的控制多巴胺如此之多，这使他们对成就上瘾，因而无法体验当下的满足。想想你是不是认识一些人，他们为自己的目标不懈地努力，但从来不去享受他们的成果。他们甚至不会吹嘘自己的成就，就继续去做下一件事了。一位女士描述说，她在一家公司担任部门领导，这个部门当时简直是一团糟。多年来，她夜以继日艰苦奋斗，终于让部门走上正轨，而她立刻变得百无聊赖。几个月来，她试图享受她创造的轻松的新环境，但她忍不下去了，她要求调到另一个混乱的部门。

　　这些人身上表现出一种失衡效应，这是聚焦未来的多巴胺和聚焦现在的当下神经递质之间的失衡。他们想要逃避当下的情感和感官体验。对他们来说，生活关乎未来，关乎进步，关乎创新。尽管他们的努力带来了金钱甚至名声，但他们总是不开心。不管做了多少，他们都觉得不够。詹姆斯·邦德这个足智多谋而冷酷无情的秘密特工的家族徽章中有一句拉丁语格言"*Orbis Non Sufficit*"，意思是"这个世界还不够"。

奥尔德林上校对这个问题的体会比任何人都更深刻："我曾在月球表面行走，我还能做些什么来超越它？"

多动症的秘密

处在另一个极端的控制多巴胺回路很弱的人，他们会怎么样呢？他们的内部斗争最终显现为行事冲动和难以集中精力完成复杂的任务。这个问题会导致一种我们熟悉的情况——注意缺陷多动障碍（ADHD）[①]。注意力难以集中和缺乏控制冲动的能力会严重干扰他们的生活，也使他们很难相处。有时他们不注意细节，也不能坚持完成任务。他们可能一开始想要付账单，然后中间又去洗衣服，之后又想换个灯泡，最后只是坐下来看电视，什么都没干，所有东西都扔在那里。他们在谈话中很容易分心，而不会注意到别人对他们说了什么。有时他们没法按时做事，因此经常迟到。他们可能会丢东西，如车钥匙和手机，甚至护照。

ADHD最常见于儿童，这是有原因的。额叶负责控制多巴胺的活动，它是发育得最晚的脑区，直到一个人结束青春期进入成年

---

① 这种疾病通常被称为注意障碍（attention deficit disorder，简称ADD），因为成年人通常不会有儿童常有的多动症。不过，我们仍将使用注意缺陷多动障碍（ADHD）这个术语。

期之后，它才与大脑的其他部分完成连接。控制回路的工作之一是限制欲望回路，因此冲动控制与ADHD相关。当控制多巴胺很弱时，人们会去追求他们想要的东西而不考虑长期的后果。患有ADHD的孩子会抢玩具和插队，患有ADHD的成年人会冲动购物，也经常打断别人说话。

对ADHD最常见的治疗药物是哌甲酯和苯丙胺，这两种兴奋剂可以促进大脑中多巴胺的分泌。这些药物被用于治疗ADHD患者时，通常不会像为了减轻体重、获得快感或提高表现而服用这些药物的人那样迅速产生耐受性。然而，兴奋剂是成瘾性药物。FDA将其与吗啡和奥施康定等阿片类药物归为同一类。这些药品被认为滥用风险最高，因此对医生开处方的限制也最严格。

患有ADHD的人有很高的成瘾风险，尤其是青少年，因为他们的额叶功能还未发育完全。几年前，当人们对这种疾病不太了解的时候，医生和家长不愿意给这些患儿服用哌甲酯和苯丙胺等成瘾性药物。这听起来很合理：不要给有成瘾风险的人服用成瘾性药物。但严格的测试明确地表明，接受兴奋剂治疗的青少年ADHD患者反而不容易上瘾。事实上，越小开始服用药物且服用剂量越高的人越不可能出现服用非法药物的问题。这是因为，如果你加强多巴胺控制回路，就更容易做出明智的决定。另一方面，如果不采取有效的治疗措施，控制回路的弱点就不会得到纠正。欲望回路毫无阻碍地行动，反倒增加了高风险的寻欢作乐行为的可能性。

ADHD与交通事故频率

吸毒并不是这些孩子面临的唯一风险。患有ADHD的孩子很难从自己的环境中获取宝贵的资源，通常表现为无法获得好成绩，因为他们无法集中注意力并控制自己的冲动。但是糟糕的成绩仅仅是开始，患有ADHD的年轻人在交友方面也有困难。谁想和一个经常打断别人、抢人东西，还不懂先来后到的人相处呢？他们常常要反复阅读布置的作业才能理解材料，因为他们总是不断分心。如果在家庭作业上花费了太多时间，运动和参加兴趣社团等课外活动的时间就变少了。由于朋友少、成绩差，与健康的快乐来源隔绝，患有ADHD且未经治疗的儿童更愿意追求不健康的快乐来源。除了毒品，他们还可能有早期性行为和暴饮暴食的问题，特别是喜欢吃高盐、高脂肪和高糖的"快乐食品"。

一项涉及70万儿童和成人（包括48 000名ADHD患者）的大规模研究发现，ADHD患儿肥胖的可能性比正常儿童高出40%，而成人患者更是高出70%。这70万名参与者来自世界各地，拥有不同的文化背景，因此这项研究不仅比大多数类型的研究规模更大，而且更为多样化，这使得科学家们能够比较拥有不同饮食习惯的多个国家和地区的研究结果。然而，尽管卡塔尔、中国台湾和芬兰在饮食方面存在差异，但结论是相同的。居住的国家和地区不影响ADHD与肥胖的关系，性别也不影响。

这项研究有优势，但也有劣势。仅仅因为我们发现患有ADHD的人更容易肥胖，并不一定意味着患有ADHD会导致肥胖。如果是反过来呢？如果是超重在某种程度上影响了大脑并导致了ADHD呢？用科学术语来说就是"相关性"并不意味着"因果关系"——仅仅因为两件事被一起发现并不一定说明其中一件事导致了另一件事。

如果我们能够证明人们在肥胖之前就出现了ADHD的症状，那么我们就更有信心说ADHD会导致肥胖。因此，来自芝加哥大学和匹兹堡大学的研究人员对近 2 500 名女孩进行了评估，以确定不健康的体重和冲动之间是否存在联系。首席研究员指出："孩子们经常在看到食品广告和自动售货机等提示后就想吃东西，所以一个控制能力很差的孩子是难以抗拒这些吃东西的提示的。"

结果与预期一致：10 岁时在冲动和计划方面有问题的女孩，在接下来的 6 年里，体重增加得更多。科学家们报告说，这些女孩之所以体重增加，有相当一部分原因是暴饮暴食——这是一种失去自我控制的强烈爆发。

超重的儿童在过马路时更容易被汽车撞到，也是出于类似的原因。不是因为他们走得慢，而是因为他们冲动。艾奥瓦大学的研究人员召集了 240 名 7~8 岁的孩子，让他们穿过一条繁忙的街道，测量他们的等待时长，以及被车撞的频率。[1]

虽然超重的人有时走得更慢，但在这个实验中，体重对孩子们过马路的速度没有影响。但是，孩子们的超重程度和他们走入车流的速度有着直接的关系——轻微超重的儿童比严重超重的儿童等待的时间更长。当迎面开来一辆车时，超重的孩子们也会有一段缓冲时间，只是这段缓冲时间更短，也就是说他们会允许车辆靠得更近，因此他们被撞击的频率更高就不奇怪了。

但要记住的是，生物学并不能主宰一切。对多巴胺系统控制能力极强或者极弱的人可以做出改变。患有 ADHD 的人通过药物治疗和心理治疗，有时只需等待几年时间就能有显著改善。而处在另一个极端的奥尔德林上校，最终也找到了利用自己创造力的方法。从月球回来后，他自己撰写或与他人合著过十几本书，开发了一个计算机战略游戏，并提出了一种革命性的太空旅行方法，使载

---

[1] 研究人员使用了虚拟现实技术，没有人真的被车撞了。

人登陆火星的任务更容易实现。他还出现在许多电视节目上，包括《与星共舞》、《价格猜猜猜》、《顶级大厨》和《生活大爆炸》。

欺诈的胜利

我知道你高尚的天性讨厌背信弃义或欺诈的想法，但胜利是多么光荣的奖品！

——索福克勒斯，《菲罗克忒忒斯》

我喜欢赢，但最重要的是，我不能忍受失败的想法。

因为对我来说，失败意味着死亡。

——兰斯·阿姆斯特朗

1999 年，兰斯·阿姆斯特朗在战胜了晚期癌症后，赢得了他的第一个环法自行车赛冠军。《纽约时报》的一位记者用一种在接下来几年里司空见惯的方式描述了他："一个意志坚强而专注的人""主宰了这场巡回赛"。他连续 7 次赢得环法自行车赛冠军，不仅主宰了这项著名的比赛，还主宰了自行车运动本身。

阿姆斯特朗的决心让他成为一个传奇。他更喜欢逆风骑车，因为这会使比赛变得更艰难，给他更多的机会获胜。作家朱丽叶·马库尔用这个故事描述了阿姆斯特朗的决心："在他房子西边 50 码①处曾长着一棵树，阿姆斯特朗想把它挪到门前的台阶旁。这次移植花费了 20 万美元。他的密友们开玩笑

---

① 1 码≈0.91 米，50 码约为 46 米。——编者注

说，阿姆斯特朗是不可知论者，他设计了这个项目来证明他不需要上帝就能移山倒海。"

阿姆斯特朗说："如果我到了 35 岁或 40 岁时，在生活中已没有竞争对手，我可能会疯掉。"

2012 年，这名世界冠军被剥夺了他在环法自行车赛中赢得的所有 7 个冠军头衔，因为他被发现使用了可提高成绩的违禁药物。为什么这位曾经的传奇运动员会作弊？他还是那个即使面对癌症也有钢铁般意志而从未放弃的人吗？奇怪的是，他之所以会作弊，可能正是因为太成功了。

多巴胺的生成不受良心的约束。相反，在欲望的滋养下，它是狡猾的源泉。它被激发时，会抑制内疚感这种当下的情绪。它能够激励人们做出不懈的努力，但在追求的过程中不能避免使用欺骗甚至暴力手段。

多巴胺追求更多，而不是追求道德；对多巴胺来说，武力和欺诈只不过是达成目的的工具。

以色列研究人员设计了一个实验来帮助他们更好地理解为什么人们会作弊。他们设置了两个有两名玩家参加的游戏。第一个是猜谜游戏，看谁能猜出电脑屏幕上会出现什么图像。在这场比赛中，作弊是不可能的。第二个游戏则不同：一个玩家掷一对色子，并告诉另一个玩家掷得的点数之和。点数越高，掷色子的玩家得到的钱越多，对手得到的就越少。在这个游戏中作弊不仅可能，而且很容易。对手看不到真正的色子，所以掷色子的玩家可以报告任何结果。第一局的赢家和输家轮流掷色子并宣布结果。

因为掷色子得到的点数是随机的，所以如果每个人都诚实，平均分应该是 7 分左右。实验中，第一局的失败者在第二局中平均得到 6 点多一点点，这与随机概率是一致的。然而，第一局的获胜者在第二局中报告的平均点数和接近 9。统计分析显示，这一数字不太可能是偶然发生的。第一局的获胜者在第二局中作弊的可能性大于 99%。

在实验的下一阶段，研究人员改变了实验内容。第一局不再是比赛，而是抽奖。新的实验条件产生了大相径庭的结果。中奖的玩家在第二局中没有作弊，甚至好像还报低了自己的点数，让对手分享了奖品。

科学家们不知道该如何解释这个结果。他们认为，也许靠实力赢得比赛而不是纯粹靠运气赢的人，会感觉胜利是自己应得的，这也成为他们随后的欺骗行为的借口。但是，鉴于多巴胺会激励我们掌控周围的环境，我们可以从中找到更好的解释。

赢得比赛是进化成功的必要条件，进食和做爱也是。事实上，正是赢得比赛才让我们有机会接触到食物和生殖伙伴。因此，赢得比赛会释放多巴胺也就不足为奇了。当我们把网球送过网、在考试中取得好成绩，或者得到老板的表扬时，我们会感到非常高兴。多巴胺激增的感觉不错，但它不同于当下愉悦感的激增，后者是一种满足的激增。这一区别是关键：胜利引发的多巴胺激增会使得我们想要更多。

赢是为了不输

仅仅赢得环法自行车赛是不够的，赢得两次甚至七次也是不够的。胜利永远不嫌多，对多巴胺来说没有什么是够的。追求才是一切，胜利也是，终点线是不存在的，永远也不会有。胜利就像毒品一样，会让人上瘾。

然而，永不满足的快感只是事情的一半，另一半是糟糕的多巴胺崩溃。

华盛顿特区的医生每年都要填写一张选票，由此选出各个医学专业的"顶级医生"。调研结果发表在《华盛顿人》杂志著名的"顶级医生"专刊上，这是该杂志最畅销的一期。获得顶级医生的名号是一种荣誉，它令人感觉很好。你的同事能看到，你的朋友和家人能看到，每个人都能看到。然而，当满足感逐渐消逝后，令人不安的问题出现了："明年我还会成功吗？当我的名字从名单上消失时，所有那些祝贺我的人会怎么想？没有人会永远在名单上，我怎么能忍受被抛弃的耻辱呢？"没有人喜欢输掉的滋味，而在你赢过之后，失利的滋味更是要苦涩十倍。你打开杂志，期待着看到自己的名字，但它不在那里，你会感到很不愉快，仿佛胃的深处在隐隐作痛。

胜利者作弊的原因与吸毒者吸毒的原因相同。兴奋的感觉很好，而戒毒的感觉很糟糕。他们都知道自己的行为有可能毁掉自己的一生，但欲望回路并不关心这个问题。它只想要更多——更多的毒品，更多的成功。但真正的成功不可能来自欺骗。如果你犯了一个错误，人们会原谅你，但是如果你不诚实的话，这个污点会一直伴随着你。这就是为什么控制回路如此重要。它是理性的，能够做出冷静、合理的决定，这些决定能使你的利益最大化，不仅是今天的利益，也包括将来的利益。然而，对许多人来说，在追求胜利时，欺诈是一种强大的诱惑，有时会压倒一切。至少在短期内，欺诈是有效的。

打人可能也是。

热暴力和冷暴力

琼斯医生站在电梯里，对即将访谈的患者感到非常害怕。当时是凌晨1点，她被叫到急诊室去评估一个说要杀人的患者。她必须让这名患者冷静下来。如果精神病患者从威胁杀人走到了真正去执行这一步，就会有人死亡，凶手虽然肯定会被抓住，但释放凶手的医生也要负责。

这位患者蓬头垢面、恶臭难闻，他正目不转睛地盯着琼斯医生。他不是第一次来这里了，之前来的时候就捣乱而且不配合。在一次住院期间，他被指控不适当地触摸了一名正在接受精神分裂症治疗的女士。他声称自己对除阿普唑仑以外的所有精神病药物都过敏。

除了使用可卡因，他在精神状态上没有什么问题，但今晚他要求住院。他提到自己被多次逮捕，还过了三年的牢狱生活。他说，如果他不被带入病房，他就会执行他的杀人计划。

"让我们假设是因为那个人对我做了什么，好吗？"他说。

妄想症是指威胁使用暴力的行为，是较易治疗的精神疾病之一。得妄想症的人会感到害怕，有时他们会认为，保护自己的唯一方法就是杀死想象中阴谋针对自己的人。通过使用抗精神病药物，妄想以及暴力风险通常会在大约一周内消失。

但是坐在琼斯医生对面的这位一直盯着她的病人，显然并不是一名精神病患者。

琼斯医生面临一个两难处境。她知道住院对这名患者没什么好处，而且接收他住院会使其他病人处于危险之中。但同时，他有暴力史。最终她还是准许他住院了，因为担心他会伤害那个针对他的人，但她也因为可能危及病房内其他病人的安全而感到内疚。

暴力有时是功能障碍或病理状态的结果。但大多数情况下，暴力是一种选择——一种经过深思熟虑而采取的，以胁迫手段获得你想要的东西的方式。

力（通常用暴力来表达）是控制的终极工具，但它是由多巴胺驱动的吗？

暴力有两种形式：有计划的故意暴力和由激情引发的自发暴力。为达到犯罪者的目的而谋划的暴力，可能像在街上抢劫某人一样平平无奇，也可能像发动世界大战一样惊天动地。但在这两种情况下，暴力行为都是提前计划的有效策略，这些策略有时会极其详细，并且总是以获取资源或控制为目的。这是由多巴胺驱动的攻击性行为，往往不带有多少情绪。这是一种冷暴力。

我们可以把多巴胺计算和本能反应想象成一个跷跷板的两端：当一端升高时，另一端就会降低。掌控抑制恐惧、愤怒或压倒性欲望等情绪的能力可以使你在冲突中具有一定的优势。情绪总是会干扰计算行为，成为一种不利因素。事实上，一种常见的控制策略是刺激对手的情绪反应，干扰他执行计划的能力。在体育运动中，它经常表现为篮球场上或是橄榄球争球线附近的口水战。

由激情驱使的攻击是对挑衅的猛烈回击，但这并不是由多巴胺控制回路刻意安排的动作。恰恰相反，当激情驱使着我们攻击挑衅者时，当下分子回路会抑制多巴胺。这种激情驱使下的攻击通常会降低攻击者未来的幸福感。他们最终可能会受伤、被逮捕，或者以尴尬的局面收场。设想一个家长在孩子的冰球比赛中大发脾气并乱扔东西，这不是一个刻意的举动，而是一种不经意的情感反应。从多巴胺的角度来看，这种举动不会使你获得什么，没有最大化利用资源，也谈不上获得优势。情绪压倒了多巴胺的深思熟虑、小心谨慎和精打细算。

英国小说家安东尼·特罗洛普（Anthony Trollope）笔下的两个角色多布尼和格雷沙姆（两人是议会中对立党派的领导人）之间的政治辩论，就体现了两种方法的对比：

> 多布尼先生的每次攻击都恰到好处，他深思熟虑，事先权衡结果，计算每次攻击的威力，甚至计算了在已有效果上的效果，但格雷沙姆先生却全面出击……他被愤怒吞噬，在自己还没有意识到时已将对手置于死地。

暴力可以给我们统治之力，但要获得成功，它必须来自控制多巴胺的冷回路。

什么是多巴胺能人格？

有些人的多巴胺能回路比其他人更活跃。研究人员已经确定了一些有助于这种人格发育的基因。值得注意的是，多巴胺活性的提高可能会以不同的方式表达出来。欲望回路高度活跃的人可能会冲动或难以满足，不断寻求更多的刺激。与之相反的另一面是容易满足的人。一个多巴胺能较低的人可能宁愿花一天时间在园艺上，然后早点儿睡觉，而不是在吵闹的夜店里闲逛。

　　而一个控制回路高度活跃的人可能冷酷而精打细算，甚至是残忍和铁面无情的。与之相反的另一面会是一个热情慷慨的人，比起赢得比赛，他更关心培养友谊。大脑很复杂，一个回路中的活动转化为行为的方式取决于许多其他回路中的活动，所有这些回路一起工作。除了这些例子外，多巴胺能人格也可能体现为我们稍后将要描述的其他方面。不过，这些人都有一个共同点：他们沉迷于让未来更有价值，而牺牲了现在能够体验到的快乐。

抑制情绪

如果你能保持理智，当众人

都已迷失自我，并怪罪于你；

……

如果你能驱使你的心神筋骨，

当你精疲力竭之时为你服务，

当你失魂落魄之时还能坚持，

只因意志还在对它们说："坚持！"

……

那么，世界之大全归你所有。

——拉迪亚德·吉卜林，《如果》

　　情感是一种当下的体验，是我们此时此刻的感受。情绪对我们理解世界至关重要，但有时情绪会压倒我们。当这种情况发生时，我们会做出不那么合理的决定。幸运的是，与当下分子回路相抗衡的多巴胺可以关闭情绪的音量。在复杂的情况下，拥有"冷静头脑"的人，也就是多巴胺能更强的人，能够抑制这种反应，做出更深思熟虑的选择，这些选择通常会带来更好的结果。对于我们的祖先来说，如果他具有了特别强大的多巴胺控制回路，就可能抑制恐慌的冲动，应对一头霸气外露的狮子。他不会与狮子比谁跑得快，而是冷静地从火中拿起一根燃烧的棍子来吓跑它。当在混乱中需要有人大胆行动时，那些能够保持冷静、盘点可用资源，并迅速制订行动计划的人就能够渡过难关。

如何脱险生还

虽然现代社会的复杂性可能会使第一时间的反应（战斗或逃跑）违背我们的最大利益，但在更原始的情况下，它的效果很好。一位年轻的医生在急诊室与一位暴躁的药物滥用者谈话时，发现自己无法满足患者对药物的需求。当患者明白自己得不到想要的东西时，他向医生猛击了一拳。幸运的是，医生躲开了，在患者再次挥拳之前，两名保安赶来，控制住了患者。当一切结束后，医生说："当时我不知道发生了什么。没有时间思考，它就这样发生了。"他很高兴自己幸运地拥有当下分子回路，知道什么时候闪避，而不需要多巴胺回路的计算。

我带着一名船员驾驶着自己那艘 40 英尺[①]长的船，朝着

---

① 1 英尺 = 0.304 8 米。——编者注

广阔的海洋航行。很快我们遇到了每小时35英里①的大风和10英尺高的海浪。我们俩都不担心，这种天气我们以前见过很多次。

我使舵掉转船头。就在我转弯时，我听到一声巨响，舵轮开始自顾自地旋转，它已不受控制了，这让我感到前所未有的害怕。

我们被困在一个L形的暗礁里。珊瑚从水面上露出，我们随着波浪离它越来越近。我的第一个想法是弃船逃跑，我想也许穿上救生衣能够逃离危险。但我很快意识到那是不可能的，海浪会把我的身体撞到暗礁上，水下暗流也可能把我推到更远的海面上。我感觉到令人窒息的恐慌正在来临，我知道如果它控制住我，我将失去思考的能力。而这一切发生在大约10秒钟内。

为了自救，我逼自己开始思考。我用无线电发送了求救信号，然后和我的船员尝试用帆来驾驶，试着逃离暗礁。我们随后找到了一种用脚控制船舵的方法，并最终成功把船头调向了岸边。当我开始计划和行动后，恐慌随即消失，我便可以理性地思考。

到了岸边以后，我走回房间，忍不住开始抽泣。

这个真实的故事是一个很好的例子，可以说明多巴胺和决定"战斗或逃跑"反应的当下化学物质（去甲肾上腺素）之间的相互作用。当船舵坏掉时，去甲肾上腺素开始起作用，当下的恐惧情绪压倒了船上的人。他只想赶紧摆脱眼前的困境。起初，泛滥的当下

---

① 1英里≈1.61千米。——编者注

神经化学物质影响了他的多巴胺能的计划能力。尽管他感觉到了恐慌正在降临，但他成功压制住了恐慌，这表明他的多巴胺系统没有完全关闭。

几秒钟后，控制多巴胺被完全激活，他开始做出理性的计划。当下分子去甲肾上腺素被关闭，恐惧随之消退，他转而用一种理性、理智的方式来找到生存的办法。危机结束后，他安全地待在岸上，多巴胺消退了，当下分子有了喘息的空间，引发了抽泣。

传统观点将他的脱险归因于"肾上腺素爆发"，事实则恰恰相反。他不是靠肾上腺素爆发，而是靠多巴胺爆发。在他拯救船只的紧张时刻，多巴胺开始掌控局面，肾上腺素（当它在大脑中时被称为去甲肾上腺素）被抑制。

18 世纪的塞缪尔·约翰逊这样总结此类情况："当一个人知道他将在两周内被绞死时，他的思想就会非常集中。"最近，澳大利亚堪培拉加略山医院的急诊科医生戴维·考尔迪科特（David Caldicott）博士则这样表示："急诊就像开飞机一样，几小时的平凡生活中夹杂着突如其来的恐怖时刻。但如果你专业过硬，你就不会害怕，只会非常专注。"

远离使杀戮更容易

在弗兰克·赫伯特（Frank Herbert）的经典科幻小说《沙丘》中，主人公必须压制他当下的动物本能，以此来证明自己是人类。他的手被放在一个邪恶的装置——一个会产生剧痛的黑盒子里。如果他把手从盒子里抽出来，负责看守的老妇人就会用毒针刺穿他的脖子，他就会死。她告诉他："你听说过动物为了逃离陷阱而咬断自己一条腿的事吗？那是动物的把戏。如果是一个人，他会一直待在陷阱里，忍受痛苦，假装死亡，这样他才有可能杀死捕猎者，并消除对他的同类的威胁。"

有些人天生比其他人更善于抑制情绪。事实上，这是与生俱来的，部分原因是他们的多巴胺受体的数量和性质异于常人。多巴胺受体是大脑中的分子，它们在多巴胺释放时会做出响应。遗传特征不同，多巴胺受体的情况也会有所差异。研究人员测量了不同人大脑中多巴胺受体的密度（受体的数量，以及它们之间距离的远近），并将其与这些人的"情绪分离"测量结果进行了比较。

情绪分离测试测量了一个人避免分享个人信息、避免与他人交往的倾向等特征。科学家们发现受体密度和与他人接触的倾向有直接关系，高密度的多巴胺受体与高水平的情绪分离有关。在另一项研究中，情绪分离得分最高的人将自己描述为"在人际关系中冷漠、社交冷淡、有报复心"。相比之下，情绪分离度最低的人则将自己描述为"过于热情、易被人利用"。

大多数人的情绪分离程度介于最高和最低之间。我们既不冷漠也不会热情过度，我们的反应取决于具体情况。如果我们与周围的人在近体空间接触——靠得很近，直接接触，专注于此刻——当下分子回路会被激活，我们性格中温暖、热情的一面就会显现出来。而如果我们在远体空间跟人打交道——保持距离，抽象思考，专注于未来——我们性格中理性、克制的部分就更容易被看到。这两种不同的思维方式可以用"电车问题"来说明：

一列失控的火车沿着铁轨疾驰而下，驶向 5 名工人。如果什么都不做，他们都会死。然而，把一个旁观者推向铁轨是有可能阻止火车的前进的。这个人的死会使火车减速，足以拯救 5 个工人的生命。你会把这个人推向铁轨吗？

在这种情景下，大多数人都不会将这个旁观者推向轨道——他们无法亲手杀死一个人，即使是为了拯救 5 个人的生命。当下神经递质负责产生对他人的同理心，在大多数人身上，它都会压倒多巴胺精于盘算的理性。在这种情况下，当下的反应是如此强烈，因为旁观者离得太近，就在近体空间。要杀死他，我们必须用手接触他。除了最冷漠的人，其他人都做不到。

但是，既然当下分子最强大的影响是在近体空间（我们五官所感知的当下世界），如果我们一步一步地后退，逐步减少当下分子对我们决策的影响，会发生什么？当我们离开当下分子的近体空间进入多巴胺能的远体空间时，我们用一条生命换 5 条生命的意愿是否会增加？

让我们先从消除身体接触的当下感觉开始。想象一下，你站在一段距离之外看着事态发展。有一个开关，拉动它，就可以将列车从有 5 个人的轨道转移到只有一个人的轨道；而如果什么都不做，那 5 个人就会死。你会拉动开关吗？

下面进一步把自己拉远。想象一下，你坐在距离遥远的另一座城市的办公桌旁。电话铃响了，一个语无伦次的铁路工人描述了这个情况。你在办公桌前就可以控制火车的行进路线。你可以按下一个开关，让火车转向只有一个人在上面的轨道，或者什么也不做，让火车撞向 5 个人。你会按下开关吗？

最后，我们考虑最抽象的情况：抛弃所有的当下分子，让大脑完全为多巴胺掌控。假设你是一名运输系统工程师，正在设计铁路轨道的安全特性。你在铁轨旁安装了摄像头，能够准确提供实时的信息。你需要写一个控制开关的计算机程序，该程序将使用摄像机拍下的信息来选择让火车通过哪个轨道。你会将这个软件设定为为了救 5 个人而杀死一个人吗？

以上几种场景各异，但结果是一样的：牺牲一条生命换取 5 条生命，或者牺牲 5 条生命挽救一个人。很少有人会愿意牺牲一个无辜的人，把他推向死亡。然而，如果是写一个管理轨道开关的软件来使生命损失最小化，就很少有人会犹豫了。这就好像有两个不同的人在评估情况：一个人的头脑是理性的，只根据理性来做决定；另一个人富有同情心，不管大局如何，都不愿杀人。一个人试图通过拯救最多的人来控制局势，另一个则不会。我们会选择哪个结果，在一定程度上取决于多巴胺回路中的活动。

两难抉择

这个问题不仅存在于理论上，也是自动驾驶汽车的开发者需要面对的问题。如果两辆车之间不可避免地会发生致命的撞车事故，那么自动驾驶汽车的程序应该遵守什么原则呢？它应该转向一个方向来保护它的主人的生命，还是应该转向相反的方向牺牲它的主人，以保护另一辆车上更多的人呢？这里有一个消费者小贴士：如果你到市场上购买自动驾驶汽车，问问销售人员它是如何编程的。

2016 年的电影《天空之眼》中描述了另一个例子。肯尼亚的恐怖分子正在训练两名自杀式炸弹袭击者，他们的袭击将导致多达 200 人死亡。情况紧急，千钧一发。在世界的另一边，一架无人驾驶飞机的遥控飞行员准备发射一枚导弹杀死恐怖分子。然而，就在他开火之前，一个小女孩在恐怖分子的房子旁边摆了一张桌子开始卖面包。如果无人机飞行员什么也不做，数百人将会死亡。但为了挽救这些生命，他在杀死恐怖分子的同时也会杀死女孩。这部电影记录了在这个现实版的"电车问题"中，针对这个两难选择问题展开的激烈辩论。

有时我们会采取一种冷静、精打细算、寻求主导环境以获得未来收益的方式，有时我们会采取另一种热情、有同情心、与别人分享快乐的方式。多巴胺控制回路和当下分子回路是对立的，它们创造了一种平衡，让我们对他人仁慈，同时保证我们自己的生存。由于平衡是必要的，大脑经常把相互对立的回路连接起来。这种连接的效果很好，以至于有时会将对立的回路连通到同一个神经递质系统中。如果多巴胺系统是以这种方式运作，那么当多巴胺互相对立时会发生什么呢？

萝卜和饼干挑战赛

神经递质多巴胺是欲望（通过欲望回路）和坚韧（通过控制回路）的来源，它为我们提供了指引方向的激情，也提供了让我们到达目的地的意志力。通常，这两种多巴胺回路会通力合作，但当欲望集中在长期来看会给我们带来伤害的事情——比如婚外情或者静脉注射海洛因——上时，多巴胺能的意志力就会掉转方向，并与它的同伴回路做斗争。

当多巴胺需要对抗欲望时，意志力并不是它的唯一工具。它还可以使用计划、策略和抽象能力，例如设想不同选择产生的长期后果的能力。但当我们需要抵制有害的欲望时，意志力是我们首先使用的工具。事实证明，这可能不是个好选择。意志力可以帮助酒鬼拒绝一次喝酒，但如果他要在几个月或几年的时间里一次次地拒绝的话，他很可能坚持不住。意志力就像一块肌肉，用过之后会疲劳，可能用不了多久，它就放弃了。证明意志力极限的最佳实验之一是著名的"萝卜和饼干"研究。这项研究其实是一个骗局。志愿者被告知他们报名参加的是一项食物品尝研究。下面是一位科学家对该研究的描述：

> 在食品实验的参与者到达之前，研究人员精心设置了实验室里的场景。房间里的一个小烤箱里烘焙着巧克力曲奇，因而实验室里充满了新鲜巧克力和烘焙的美味香气。在参与者就座的桌子上展示了两种食物，一边是一堆巧克力曲奇饼干，再加上一些巧克力糖果，另一边是一碗胡萝卜和白萝卜。

> 参与者到达时都很饿，因为他们被告知在去实验室前不要吃饭。在这种情况下，新鲜出炉、色香味俱全的巧克力曲奇饼干就越发诱人了。参与者被逐个领进实验室，巧克力饼干新鲜出炉，他们有的被告知要试吃两三块饼干，有的则要试吃两三个萝卜，取决于他们被分配到哪个组。在受试者开始吃之前，科学家需离开房间，并提醒受试者只能吃指定的食物。

> 分配到萝卜的参与者没有一个违反规则去吃饼干，但他们显然很受诱惑。研究人员从窗帘边上偷看了一下他们做了什么。"他们中的一些人渴望地看着巧克力曲奇饼干，有些人甚至拿起了饼干，把鼻子凑过去闻一闻。"

> 大约 5 分钟后，科学家回来告诉参与者研究的下一步内容，而下一步与试吃食物完全无关：这是一个关于解决难题能力的测试，

而参与者不知道这个难题无法解决。那么问题来了，每个参与者在这个不可能完成的任务上会坚持多久？

被允许吃饼干的参与者花了大约 19 分钟尝试解决问题。而只被允许吃萝卜的人，那些为了抵消对饼干的渴望而不得不自我控制的人，只坚持了 8 分钟就放弃了，是前者不到一半的时间。研究人员得出结论："抵制诱惑似乎产生了一种心理代价，这种代价体现为，参与者之后在面对挫折时更容易放弃。"如果你在节食，抵制诱惑的次数越多，下次你越有可能失败。意志力是一种有限的资源。

如何训练意志力

如果意志力像一块肌肉，那么它能通过锻炼得到加强吗？能，但需要一些高科技的"训练设备"，杜克大学认知神经科学中心的科学家用类似设备来研究他们能否增强大脑控制意志力的部分。

首先，他们采用的方式很简单。如果参与者成功完成了一项任务，他们就给参与者发钱。在有即时奖励时，人们很容易有动力。通过大脑扫描仪，研究者能够看到大脑腹侧被盖区的激活，这是欲望和控制回路的发源地。接下来，他们要求参与者找到激励自己的方法。他们提供了一些策略，比如告诉自己"你可以做到！"。他们还鼓励参与者创造性地去使用他们认为最能激励自己的东西。有些人想象有教练鼓励他们，也有人设想他们的努力得到回报的情况。他们全程受到大脑扫描仪的监测，科学家由此观察他们大脑的激励区域发生了什么。科学家对结果感到十分惊讶：什么都没有发生。虽然钱发挥了作用，但当参与者试图自己激励自己时，他们没有收到效果。

接下来，科学家以生物反馈的形式给了他们一点儿帮助，也就是给受试者提供了关于他们身体和大脑如何运作的信息。这些信息可以帮助他们找到有效的方法来控制那些通常是无意识的事情。最著名的生物反馈形式是放松。研究者把一种测量微小汗液量的装置绑在一个人的手指上。出汗越少，表明人越放松。该信号以音调的形式表现出来，用户试图根据音调让自己更放松。结果证明，这种方法起作用了。

在激励实验中，参与者将看到一个有两条线的温度计。其中一条线显示了激励区域的当前活动水平，另一条则代表了他们应该努力实现的更高目标。现在，他们可以看到哪些策略起作用，哪些策略不起作用。一段时间后，他们就建立了一组能有效促进激励区域活跃度的想象场景。即使没有了温度计，这些策略仍然有效。增强意志力是可能的，但它需要高科技提供一个窗口，让测试参与者深入他们的大脑。

多巴胺对抗多巴胺

尽管增强意志力是有可能的，但这些方法不足以产生长期的、持续的变化。那么什么方法才有效呢？负责帮助人们克服上瘾的临床医生对这个问题很感兴趣。你不能单凭意志力战胜毒品，还需要其他的手段。有些药物有助于治疗一部分上瘾，但单独服用却不起作用，必须结合某种形式的心理治疗才能起效。

成瘾心理治疗的目的是让大脑的一部分与另一部分对立。多巴胺欲望回路的一部分在药物成瘾中变成恶性，迫使上瘾者强迫性地、无法控制地使用药物。因此，我们只能用同样强大的力量反抗。我们知道只靠意志力是不够的。为了赢得这场战斗，还有什么其他资源可以利用，还有什么其他力量可以召唤？

心理学家已经广泛研究了这一问题，并将其转化为各种不同的心理治疗。其中被研究得最深入的包括"动机增强疗法""认知行为疗法""十二步促进疗法"。每一种疗法都采用了一种独特的方法，利用人脑中的资源来抵制失灵的欲望多巴胺回路的破坏性冲动。

动机增强疗法：用欲望多巴胺对抗欲望多巴胺

吸毒者渴望毒品，即使毒品不断摧毁他们的生命，他们也不会放弃。但大多数人都知道他们在伤害自己，他们并没有被这些化学物质完全欺骗。他们很矛盾：他们大脑中的一部分想使用毒品，但也有其他较弱的欲望，而这些欲望可以得到强化。他们可能想成为更好的配偶、更好的父母，或者在工作中表现得更好。吸毒者可能会看到他们银行账户中的钱在流失，并希望经济上的保障能给他们带来心灵上的平静。他们也可能每天醒来都感觉不舒服，希望能回到自己强壮和健康的时候。

这些欲望都不能像毒品那样刺激多巴胺的释放，但欲望不仅能给我们行动的动力，而且也能给我们坚持不懈的耐心。在动机增强疗法（MET）中，患者尽量容忍怨恨和被剥夺的感觉，也即失望的多巴胺的惩罚，因为他们知道这会带来更好的结果。治疗的目的是激发人们对美好生活的渴望。

动机增强疗法的治疗师通过鼓励患者谈论他们对健康的愿望

来建立动机。老话说："我们不相信所听到的，但我们相信自己所说的。"例如，如果你先给某人讲诚实的重要性，然后让他们玩一个通过作弊能得到奖励的游戏，你可能会发现讲课没有什么效果。但是，如果你让某人给你讲讲诚实的重要性，再让他们坐下来玩游戏，他们就不太可能作弊了。

动机增强疗法会带有一些控制性。当患者做出治疗师喜欢的陈述（被称为"预改变的陈述"，例如，"有时我在一晚的酗酒后很难按时去上班"）时，治疗师会以积极的强化方式来回应，或者要求"再多讲一些"。而如果患者做出了一个"反改变的陈述"，例如，"我一整天都在努力工作，我应该在晚上喝几杯马提尼酒放松一下"，治疗师也不会提出反对意见，因为来回辩论的过程会引发更多反改变的陈述。相反，动机增强疗法的治疗师会转移话题。患者通常意识不到发生了什么，这项技术骗过了他们有意识的防御，于是他们在大部分治疗时间中都在做预改变的陈述。

认知行为疗法：用控制多巴胺对抗欲望多巴胺

俗话说，聪明胜于强壮。认知行为疗法（CBT）不是通过意志力攻击上瘾的大脑，而是利用控制多巴胺的计划能力来击败欲望多巴胺的原始力量。为保持洁身自好而挣扎的瘾君子在无法抗拒欲望时往往会被打败。认知行为疗法的治疗师教导患者，欲望是由暗示触发的：毒品、酒精，以及让吸毒者想起毒品和酒精的事物（人、地方和东西）。有一些暗示会突然地、意想不到地提醒吸毒者，让他们产生奖赏预测误差，就像吸毒者看到一瓶衣物漂白剂时，对海洛因突然产生强烈的欲望。随后欲望多巴胺启动，刺激上瘾者使用毒品，并威胁说，如果得不到它想要的，它将完全关闭。

接受认知行为疗法治疗的酗酒者会学会用多种不同的方式来对抗暗示引发的欲望。例如，他们可能会招募一个不嗜酒的伙伴，与他们一起参加招待酒精的活动。他们还会努力消除日常生活中的一切暗示。患者和朋友还会被派去执行一项"搜索并摧毁任务"，在这个任务中，所有能让患者想起酒精的东西都会从他的家中被移除：鸡尾酒杯、摇酒器、小扁酒瓶、马提尼橄榄，等等。任何与酗酒有关的东西都会触发欲望，它们必须被清理掉，否则就可能导致复饮，终结一段来之不易的戒酒期。一名酗酒的患者在地下室酿啤酒，他不愿扔掉他心爱的设备，用他自己的话说，这是他的爱好，与饮酒无关。欲望多巴胺赢得了这场战斗，但他最终还是让步了，把所有东西都扔进了垃圾桶。现在他终于成功戒酒了。

上瘾：比你想象的还要严重

上瘾很难治疗，比许多其他精神疾病都难治疗。对于其他疾病，如抑郁症，患者肯定是希望自己好转的。但如果一个人对毒品上瘾了，他就不那么确定了。他的心情可能类似于圣奥古斯丁在与一位年轻女子发生婚外情时表达的感情。他祈祷："主啊，请赐予我贞洁，但现在还不是时候。"

医生和患者常常把酒精等成瘾物质视为敌人，因为它们很难打败。它们是我们应该尊敬的敌人，因为它们不仅强大，而且聪明。

这些敌人的"小把戏"之一是通过意想不到的诱发

贪婪的多巴胺

因素引发上瘾者对它们的欲望：一次车尾野餐会上与朋友的合影，一个最喜欢的杯子，一个开瓶器，甚至是一把用来切柠檬的餐刀。这些触发因素有时如此微不足道，以至于人们根本没有识别出它们，就被诱惑了。

但是，摆脱触发因素还不够。科学家们最近发现了敌人使用的一种完全出乎意料甚至有些吓人的战术。设想一个酒鬼，他没有明显的原因，就是想改变一下他每天的日常生活，于是决定下班后走另一条路线回家。他恰巧经过了一家他过去常去的酒吧，并在欲望的驱使下走了进去。在下一次谈话治疗中，他提起这次复饮时说，他不知道是怎么发生的。他并没有将看似普通的改变路线与复饮联系起来。

但这次复饮不是巧合。科学家最近发现，沉溺于酒精会改变某些DNA片段的工作方式，这些片段对于额叶多巴胺控制回路的正常功能至关重要。酒精成瘾抑制了一种关键的酶，干扰了神经元传递信号的能力。这就像是一名黑客在战斗中破坏了敌人的通信渠道。因此，一个酒鬼可能本不想开车经过他原来常去消磨时光的场所，但是敌人使他意识不到走新路线回家的后果有多严重。

这项发现DNA危险变化的研究是在老鼠身上进行的，因此我们不确定人类身上是否也会发生同样的事情，但结果是令人震惊的。被成瘾性改变了DNA的老鼠会喝更多的酒精，即使酒精中加入了奎宁，它们也会喝，而奎宁的苦味通常是老鼠避之不及的。这一发现表明，DNA的改变会使饮酒者即使知道会产生不愉快的后果，也会饮酒。

也不是说酗酒者无法克服酒瘾，但用控制多巴胺的薄弱能力来对抗欲望多巴胺的冲动太困难了。酒精不仅创造了一种永久的欲望，而且破坏了人们在恢复之路上以长远利益为重的着眼点。好消息是，既然我们现在知道了这种武器的存在，如果我们能找到一种方法来逆转DNA的变化，我们就能抵消它的负面作用。

十二步促进疗法：用当下分子对抗欲望多巴胺

匿名戒酒会（AA）是世界上最成功的自助联谊会，但并非所有人都能参加。它要求人们接受酗酒的标签，这是许多人不愿意的。它基于对更高权力的信仰，而有些人却没有。它需要参与者在群体中分享个人故事，这也会让一些人感到不舒服。但能适应戒酒会气氛的人可以获得宝贵资源，并从中获益。

克服上瘾是一场长期的战斗，有时甚至延续终生。有鉴于此，与药物治疗方案相比，匿名戒酒会具有一些重要的优势：它对一个人的参与时间没有限制，在全世界都是免费的，而且在都市地区，这样的聚会遍布城市的各个角落。

匿名戒酒会是一种联谊，而不是治疗。一个人通过与团体其他成员或者更高权力联系而变得更好。我们大脑负责社交的部分利用当下神经递质与其他人建立联系。在这个世界上，没有什么东西比关系更强大了。据互联网分析公司亚历克萨（Alexa）称，脸谱网（Facebook）是访问量第二大的网站。（谷歌排名第一，而色情网站Pornhub排名第67位，这让我们对人类抵抗不良多巴胺的能力充满了信心。）

匿名戒酒会的参与者可以自由地互换电话号码，这样挣扎的酗酒者就有了可以打电话寻求支持和鼓励的对象。如果一个匿名戒酒会成员复饮，没有人会谴责他，但他不可避免地会觉得自己让其他人失望了。当下的内疚感是一种强大的动力（你母亲或许也经常利用这一点）。情感的支持和内疚的威胁相结合，帮助许多瘾君子长期保持不复饮。

有一个更引人注目的例子可以说明当下分子的活动能抑制多巴胺驱动的上瘾：研究者观察到当女性吸烟者怀孕时，她们的戒烟率会上升。西北大学妇女健康研究所的苏埃纳·马西（Suena Massey）博士对这种变化进行了深入研究，发现这些女性在戒烟时，会直接省略吸烟者在戒烟过程中通常所经历的一些步骤。对发育中胎儿的当下同理心水平如此之高，以至于许多吸烟者在没有任何自觉努力的情况下直接冲到了终点线，停止吸烟。一旦"我不伤害自己以外的任何人"这个多巴胺能的合理化作用瓦解了，调节当下分子与多巴胺这一平衡体系的门就打开了。

×

多巴胺系统作为一个整体进化的目标是最大限度地利用未来的资源。除了驱使我们开始行动的欲望和动力，我们还拥有一个更复杂的回路，使我们能够思考长期后果、制订计划，并使用抽象概念，如数学、理性和逻辑。展望长远的未来也会让我们有足够的毅力去克服挑战，完成一些需要很长时间才能完成的事情，比如接受教育或飞向月球。它也给了我们驯服欲望回路的享乐主义冲动的能力，抑制即时满足的欲望，以达到更好的目标。控制回路抑制当下情绪，让我们以一种冷酷而理性的方式去思考，这在做出艰难决定——例如为了他人的利益牺牲一个人的福祉——时是经常需要的。

　　控制回路可以很巧妙。有时它会直冲上前，通过自信的力量控制局面。有时它会让我们做出顺从的行为，促使他人与我们合作，使我们做成事情的能力成倍增长，并达到我们的目标。

　　多巴胺不仅产生欲望，也产生控制。它使我们有能力按自己的意愿去改变环境，甚至改变其他人。但是多巴胺不仅能让我们统治世界，它还能创造全新的世界。这样的世界可能是如此惊人，只能由天才或者疯子创造。

创造力是一种将看起来不相关的事物关联起来的能力。

——威廉·普洛美尔，作家

第 4 章

×

天才与疯子

拥有活跃的多巴胺能大脑的风险和回报。

多巴胺打破了普通人的障碍。

同样的想法一次又一次在我脑海里飞驰。我只是想让它们停下来……那么，我要给谁打电话？然后我给驱灵师打了电话。我是说，不，不是这样的。我没有呼叫驱灵师，我打给了危机干预中心……我现在可以进去了吗？我觉得可能有人想开枪杀死我。

——摘自对一名精神分裂症患者的采访

创造性思维是地球上最强大的力量。任何油井、金矿或千亩农场都比不过一个可能创造财富的想法。创造力展现了大脑的最佳状态。精神疾病则恰恰相反，它反映了大脑连日常生活中最普通的挑战都难以应付的状态。然而，疯子和天才，大脑能做的最坏和最好的事情，都依赖于多巴胺。由于这种基本的化学联系，疯子和天才之间的联系比它们与普通大脑工作方式的联系更为紧密。这种联系从何而来，它又会告诉我们两者的什么本质？下面让我们从讨论疯子开始吧。

脱离现实

威廉是被他的父母带来的，因为他不承认自己患有精神疾病。他的母亲和父亲都是颇有成就的作家，他们周游世界，访问活跃的战区，收集资料写书。威廉也表现出了超群的智慧，尽管他的智慧不怎么稳定。在他高中的最后一年，他父母向他承诺如果他成绩好，就给他买一辆车，于是他获得了 3.7 的平均学分绩点。

但在他上大学后，情况发生了戏剧性的变化。奇怪的想法涌上他的心头。他和一名年轻女子交了朋友，他错误地认为这名女子对他很感兴趣。当她否认有这些感觉时，他得出结论，她一定是 HIV（人类免疫缺陷病毒，即艾滋病病毒）阳性患者，拒绝他是为保护他免受感染。很快，这个想法就蔓延到他身边的其他人身上。他开始认为，他认识的十几个人都是 HIV 阳性患者，他们都指望他去非洲寻找治疗方法。他之所以知道这些事，是因为他死去的祖母和上帝是这样告诉他的。

当朋友们建议他去看精神科医生时，威廉认为是他的父母在哄骗他们这样说。他认为这是一个阴谋，好让他觉得自己病了。他认为自己的父母也是假的，于是他离开这个国家去寻找自己真正的父母。

他没有离开太久，当他回家后，他指责父母用隐藏的监听设备监视他。为了逃避想象中的迫害带来的巨大压力（他称之为"环境虐待"），他去了纽约。压力太大了，他需要休息一下。他想去一个没人能跟踪到他的地方。

当他付给出租车司机 600 美元的车费回到家时，他的父母已经受够了。他们告诉他，如果他不去看精神科医生，他就别想再在家里住了。面对无家可归的可能性，威廉终于同意了。在精神科医生的监督下，他开始服用抗精神病药物。他的情况有所改善，于是决定报考当地一所社区学院，在那里学习平面设计。但当时他尚处于恢复早期，这一计划有些超出他的能力了。几个月后他无奈退学。

随着时间的推移，这种药物逐渐改善了他的症状，但他的父母很难说服他定期服药，因为他仍旧不相信自己有精神病。医生给威廉换了一种新药，这样他就不需要每天都吃药片了。他只需要每月进行一次注射，就能得到不间断的治疗。在这个治疗方案的作用下，他的状态有了改善，开始全职做厨师，并独立生活在自己的公寓里。

精神分裂症[①]是一种以幻觉和妄想为特征的精神疾病。幻觉会让人看到不存在的东西，感受到它们，甚至闻到它们的味道。最常见的幻觉是听觉幻觉，即幻听。幻听的声音可能是对这个人行为的评论（"你现在正在吃午饭"）；也可能不止一个声音在谈论这个人（"你注意到大家都讨厌他了吗？""这是因为他不洗澡"）；有时它们是指令性幻觉（"去自杀吧！"）。在少数情况下，这些声音是友好和鼓舞人心的（"你是一个伟大的人""保持良好的工作状态"）。

---

① "疯子"并非精神病诊断用语。在本书中我们用它来表示严重的精神疾病，包括妄想、混乱或错乱的想法，这是一种日常的表达方法。非正式用语中的"疯子"最常见的诊断就是精神分裂症。

友好的幻觉最不容易消失，这可能也是一件好事，总的来说，它们的影响是积极的。

妄想也是精神分裂症的一种。妄想是指与被普遍接受的现实观不一致的信念，比如"外星人在我的大脑中植入了一个电脑芯片"。妄想具有绝对的确定性，你很少会在其他想法中体验到这种确定性程度。例如，大多数人相信他们的父母真的是他们的父母，但如果你问他们是否绝对确定，他们会说也不是十分确定。但当一个精神分裂症患者被问到他是否确信联邦调查局正在用无线电波在他的头脑中植入信息时，他会说这是百分之百确定的。再多的证据也说服不了他抛弃这个想法。

约翰·纳什是一个很好的例子。这位精神分裂症患者同时也是诺贝尔奖得主和数学家。西尔维娅·娜萨在她的《美丽心灵》一书中这样讲述纳什和哈佛大学教授乔治·麦基之间的如下交流：

> "你怎么可能，"麦基开始说，"你怎么可能，一个数学家，一个致力于推理和逻辑证明的人……你怎么能相信外星人在给你发信息？你怎么能相信你受到来自外太空的外星人的招募来拯救世界？你怎么可能……"
>
> 纳什最后抬起头来，用一种异常冷静而镇定的目光盯着麦基。"因为，"纳什用他柔和而理智的南方口音慢吞吞地说，仿佛在自言自语，"我对超自然生物的想法与我的数学思想一样，都是自然出现在我脑海里的。"

这些想法究竟是从哪里来的？一个线索来自我们治疗精神分裂症的方法。精神科医生开的一类抗精神病药可以减少多巴胺欲望回路的活动。乍一看，这似乎很奇怪。欲望回路的刺激通常会导致兴奋、渴望、热情和动机。过度刺激怎么会导致精神病呢？答案就在于突出性这个概念中，这种现象对于理解创造力的根源将起到至关重要的作用。

突出性与多巴胺的联系

突出性是指事物重要、突出或显著的程度。突出性意味着与众不同。例如，一个小丑走在街上会比一个穿西装的男人更格格不入。突出性也意味着价值。装着1万美元的公文包比装着20美元的钱包更显眼。在不同的人眼里，突出的事物也有所不同。一罐花生酱对花生过敏的男孩比不过敏的男孩更突出。与喜欢金枪鱼沙拉的女孩相比，一罐花生酱对喜欢花生酱三明治的女孩也会更突出。

想想下面这些事情有多突出：一家你见过100次的杂货店和一家昨天刚开张的杂货店，一个陌生人的脸和你暗恋的人的脸，你走在街上时遇到的一个警察和你违规左转后遇到的一个警察。如果某些事情对你很重要，如果它们有可能影响你的幸福，无论是好是坏，它们就突出。有可能影响你未来的事情是突出的，能触发欲望多巴胺的事情也是突出的。突出的信息提醒你："该醒醒了！""当心点儿！""兴奋起来！""这很重要！"当你坐在公共汽车站，浏览报纸上一篇关于加拿大贸易协定的文章时，除非谈判中令人麻木的细节在某种程度上会影响到你，否则你的欲望多巴胺回路就是静止的。这时候，你突然看到一个高中同学的名字，她竟然参与了协议的谈判。啊！突出性出现了！多巴胺爆发了！随着进一步的阅读，你的兴趣逐步上升，突然你看到了自己的名字。你可以想象这会对你的多巴胺产生怎样的影响。

精神短路

如果大脑在突出性方面的功能失灵，即在没有发生对你真正重要的事情时，它也爆发了，那么会发生什么呢？想象你在看新闻，主持人正在谈论政府的一项间谍计划，突然你的突出性回路无缘无故地启动，你可能就会相信新闻上的这个故事和你有关。突出性过强或者在错误的时间出现，都会产生错觉，让触发事件从默默无闻上升到至关重要。

精神分裂症患者普遍会有电视上的人在直接和他们说话的错觉，他们也会有自己成为国安局、联邦调查局、克格勃或特勤局的调查目标的错觉。一位患者说他看到了一个停车标志，认为这是他的母亲告诉他不要随便找女人。另一位患者在情人节那天看到一辆红色的车停在她的公寓外，她认为这是她的精神科医生发出的求爱信号。即使是从未患过精神病的人，也可能会重视一些在别人眼中不重要的事情，比如黑猫或数字 13。①

不同的人给不同事物赋予的突出性差异很大，不过每个人都有一个下限。我们必须把一些事情归类为低突出性、不重要的，然后忽略它们。这么做的原因很简单，因为如果你注意到周围世界的每一个细节，你将不堪重负。

通过阻断多巴胺来治疗精神病

患有精神分裂症的人通过服用阻断多巴胺受体的药

---

① 迷信是一种非常温和的错觉，还是一种选择？研究表明，迷信的人的多巴胺往往占据优势，所以迷信可能部分是由遗传因素决定的。

物来控制多巴胺的活性（图 4-1）。受体位于脑细胞外部，能捕捉神经递质分子（如多巴胺、血清素和内啡肽）。脑细胞对不同的神经递质有不同的受体，而每一种受体对细胞的影响方式都不同。一些受体会刺激脑细胞，另一些则使它们进入平静状态。改变细胞行为是大脑处理信息的方式，它类似于计算机芯片中晶体管的开和关。

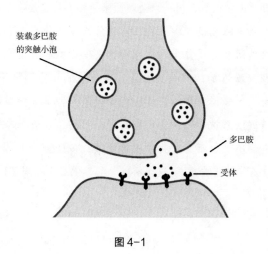

装载多巴胺
的突触小泡

多巴胺

受体

图 4-1

如果某种东西（比如抗精神病药物）阻断了受体，就好像在钥匙孔上封了一条胶带，那么神经递质（在本例中是多巴胺）就无法到达受体，也无法传递信号。阻断多巴胺通常不会使精神分裂症的所有症状消失，但可以消除妄想和幻觉。不幸的是，抗精神病药物会阻断整个大脑的多巴胺，而阻断额叶的控制回路会使某些方面变得更糟，例如难以集中注意力和难以用抽象概念推理。

医生们试图通过恰到好处的剂量来最大限度地提高

疗效、减少危害。他们希望在不过分抑制负责长期规划的控制回路的情况下，抑制突出性回路中过量的多巴胺活动。我们的目标是用足够的药量来阻断60%~80%的多巴胺受体。此外，当多巴胺激增，在环境中发出一些重要信号时，如果抗精神病药物分子能暂时让信号通过，那就更好了。如果你在玩电子游戏时试图打败敌人头目，或者申请一份新工作，那么用一点儿刺激来推动事情发展会很好。

以前的抗精神病药物不能很好地发挥作用，它们会紧紧地附着在受体上。如果有什么有趣的事情发生，多巴胺分泌增加，那就倒霉了。但药物的作用过于紧密，没有多巴胺能通过，患者的感觉会不好。与天然多巴胺激增的联系被切断，会使世界变得无聊，早晨起床的动力也会不足。新的药物作用更松散，多巴胺的激增会将药物从受体上击落，"这很有趣"的感觉就会出现了。

潜在抑制

精神分裂症的患者大脑处于短路状态，把原本熟悉而被忽视的普通事物变得更显著。这种状态也叫作"低潜在抑制"。一般来说，"潜在"被用来描述隐藏的东西，比如"潜在的音乐天赋"或者"对飞行汽车的潜在需求"。但"潜在抑制"中"潜在"的含义略有不同。不是说一件事从一开始就被隐藏起来，而是说我们把它隐藏起来，因为它对我们不重要。

我们会抑制自己关注不重要事物的能力，这样就不必把注意力浪费在它们上面。我们在街上走的时候，如果被干净透亮的窗户分散了注意力，可能就注意不到十字路口处"禁止通行"的标志。如果我们对一个人的领带颜色和面部表情给予同样的重视，我们可能就无法观察到对我们未来福祉非常重要的事情。如果你住在一个消防站旁边，警报的声音也会被抑制，因为你的多巴胺回路意识到，当它们开始呼啸时，什么都不会发生。在你家中做客的朋友可能会问："那是什么声音？"而你也许会回答："什么声音？"

有时我们的环境充满了新事物，使得潜在抑制能力无法挑选出最重要的东西。这种经历可能令人兴奋，也可能令人恐惧，取决于所处的环境和经历这一切的人。如果你身处异国他乡，没有什么可抑制的，它就能带来极大的愉悦，但也会让人混乱、迷失方向，这就是文化冲击。作家兼记者亚当·霍克希尔德（Adam Hochschild）这样描述："当我身处一个与故乡截然不同的国家时，我会注意到更多的事物。就好像我吃了一种能改变思维的药，它能让我看到我通常会错过的东西。这让我感到自己更真切地活着。"在熟悉新环境的过程中，我们不断调整，并最终掌控了它。我们把会影响我们和不会影响我们的东西分开，重启潜在抑制，使自己在新的环境中感到舒适和自信。我们得以再次把本质和非本质分开。

但如果大脑无法做出这种调整呢？如果最熟悉的地方感觉也像是外星环境呢？其实这个问题不止发生在精神分裂症患者身上。一群患有这种疾病的人创建了一个名为"低潜在抑制资源和发现中心"的网站。他们这样描述这种感觉：

在低潜在抑制的情况下，个体对熟悉刺激的处理方式几乎与对新刺激的处理方式相同。想想你第一次看到新事物时注意到的细节，以及它是如何吸引你的注意力的。各种各样的问题都可能出现在你的脑海中："那是什么，它是做什么的，它为什么在那里，它意味着什么，可以怎么利用它……"

网站的一位访客在评论中描述了她的经历：

> 我要疯了！我脑子里的信息太多了，睡眠也很少。我不能再看别的东西了！我厌倦了做一个观察者！我厌倦了看到一切！……我想去森林深处，什么也看不见，什么也不读，放弃所有的技术产品，什么也不看，什么也不听。我不要乱七八糟，不要动，不要变。我想睡一个不做梦的整觉，做梦总是让我不断思考问题的答案，这让我一起床就被拉回到工作岗位上！我累了，我不想再思考了！

我们在创作艺术中可以看到较为温和的低潜在抑制的情况。下面举一个经典儿童作品——《小熊维尼和老灰驴的家》作为例子。小熊维尼是一位诗人，他给他小个子的朋友小猪皮杰朗诵了一段关于跳跳虎的诗，跳跳虎是百亩森林里一个活蹦乱跳的新成员。胆小的小猪指出跳跳虎太大了。小熊维尼想了想小猪说的话，然后给他的诗加了最后一节：

> 但不管他的体重是
> 磅、先令还是盎司，
> 他总因弹跳而显得
> 更加高大。

"这就是整首诗，"他说。"小猪，你喜欢吗？"
"除了先令，"小猪说，"我认为它不应该在那里。"

贪婪的多巴胺 ✕ 124

"它想在体重之后出现，"维尼解释说，"所以我把它放在了那里。这是写诗的最好方式，让事情发生。"

我们头脑中可能会产生混乱，需要大脑中逻辑性更强的部分去驯服，但这类混乱也有其价值。不管你是否觉得"先令"让小熊维尼的诗歌变得更好，但创作的基本原则之一就是在创作初稿时不做内部审查。如果你幸运的话，你的无意识会与读者产生共鸣，你的故事也会变得很深刻。

下面是一位精神分裂症患者的一段话，它表明了一种更病态的倾向，即"顺其自然"：

> 我有一个电视牙，他们是这么叫它的。电视牙指当他们想给你惊喜时，就把针扎进你的头骨，多年来他们都在监听你，不管你知道或不知道。我不知道。他们的这种设备非常神奇且昂贵。他们对我说，嘿，我们帮你检查一下你的头吧。如果有肿块出现瘀伤，而且你头皮上方的电流儿有点异样，我们就会为你的伤势提供社会保障，不然它就全靠自己了。就像脑瘫一样。

在这种情况下，当事人控制不了任何事情。当思想进入他的头脑，他会立即把它们翻译成文字，不经任何处理。我们通常会对我们所说的话字斟句酌，以免讲出不可接受或不合逻辑的言论，但同时也是为了先完成一个想法，才开始下一个想法。仔细阅读上段引语可以大致了解说话人的意思，但并不容易。

如果一个想法迅速取代另一个想法，并且这个人抑制思想的能力有限，表达会变得极其无序。"接触性离题"是这种思维跳跃一种不太严重的形式，即讲话者从一个想法跳到另一个想法，但不是毫无意义地跳。例如，"我等不及要去海洋城了。那里有最好的玛格丽特酒。今天下午我得找个地方把车修好。你要去哪里吃午饭？"我们兴奋时经常这样说话。欲望多巴胺被激发上来，压倒了控制多巴胺负责的更合理的沟通方式。

最极端的情况是"单词沙拉"，这是语言失控最严重的表现。在这种情况下混乱如此严重，似乎找不到任何有意义的话语。例如，在被问到"你今天早上感觉如何"时，患者回复："医院的铅笔和墨水报纸危重症护理妈妈就快到了。"

> 他们在卖悬挂着的明信片
>
> 他们把护照涂成棕色
>
> 美容院挤满了水手
>
> 马戏团进城了
>
> ——鲍勃·迪伦，《荒凉的街道》

有创造力的人，如艺术家、诗人、科学家和数学家，有时也会像精神疾病患者一样，体验到他们的思想如脱缰的野马。创造性思维要求人们放弃对世界的传统解释，以全新的方式看待事物。换句话说，他们必须打破对现实的先入为主的模型。但什么是模型呢？我们当初又为什么会形成这样的模型呢？

超越感官的世界

物质的东西，即当下近体空间中的物体，是可以用五种感官来体验的。当一个物体远离我们，从当下神经递质主宰的近体空间移至多巴胺主宰的外部，我们感知它的能力就会逐步下降，依次失去各种感觉模式。先是味道没了，然后没法触摸了。当它离我们越来越远时，我们就闻不到它，也听不到它，直到最后看不到它。这个时候事情就变得有趣起来了。我们怎么能感知到如此遥远甚至看不见的东西呢？答案是运用我们的想象力。

模型是我们为了更好地理解世界而建立起的对世界的假想图示。在某些方面，模型就像潜在抑制。模型只包含模型建造者认为必不可少的环境元素，不包含其他细节。这使得这个世界更容易理解，后续我们还可以通过各种方式来操纵它以获得最大利益。建模是一种我们察觉不到的事情，大脑会根据我们日常的活动自动建立模型，并在我们学习新事物时不断更新模型。

模型不仅简化了我们对世界的理解，而且还让我们做抽象归纳，利用获取的特定经验来制定广泛、通用的规则，从而预测和处理从未遇到的情况。我可能从来没见过法拉利车，但一看到它，我就知道它是用来驾驶的。我不需要做任何检查，也不需要做任何尝试。如果我碰到每一辆车时都要这样做，我会崩溃的。根据我对真实汽车的经验，我建立起一个抽象的汽车模型。如果一辆我从未见过的车符合某个抽象概念的大致轮廓，我就可以很快将它分类，并知道它是用来驾驶的。

识别一辆车看起来可能是个微不足道的过程，但模型构建也会帮助我们构建更宏大的抽象概念。通过观察真实物体的运动，牛顿发展出了万有引力定律，这个定律不仅预测了苹果是如何从树上落下的，而且还预测了行星、恒星和星系的运动。

心理时间旅行

当我们需要在许多不同的选项中进行选择时，模型会很有帮助。它们让我们想象不同的场景，以便选出最佳的一个。例如，如果我需要从华盛顿特区赶往纽约市，我可以坐火车或公共汽车，也可以坐飞机。为了决定怎么去最快、最舒适或最方便，我会想象每一种选择的体验，然后根据这个内在体验，在现实世界中做出选择。这个过程叫作"心理时间旅行"。利用想象力，我们将自己投射到各种可能的未来中，在心理上体验它们，然后决定如何最大限度地利用我们看到的资源，无论是宽敞的座位、便宜的车票还是较快的速度。

心理时间旅行是多巴胺系统的有力工具。它使我们体验到可能的未来，尽管眼下的一切并不真实，但就好像我们在那里一样。心理时间旅行依赖于模型，因为我们要对尚未经历的情况进行预测。如果我买了这台新洗碗机，我的生活会有什么不同？如果宇航员去火星旅行，他会面临什么样的问题？如果我闯红灯会怎么样？

我们每时每刻都在进行心理时间旅行，因为这个机制藏在生活中每一个有意识选择的背后。对大脑来说，多巴胺系统和它所创造的模型需要处理关于未来的每一个深思熟虑的选择，无论是你决定在汉堡王点什么，还是总统决定是否发动战争。心理时间旅行负责对我们生活中的每一个"下一步"做出决定。

我的模型怎么会这么烂，我能修理它吗？

在精神科医生见到他的病人——一个叫梅的 20 岁大学生

之前，她的父亲先进来为医生和她的第一次见面做铺垫。"她以前从来没有给我们添过任何麻烦，"他说，"她是个好姑娘。"梅是个完美的学生。她高中毕业时作为班里的优等生致辞，并被附近一所大学的一个知名的学习项目录取。她从来没有遇到过任何麻烦：不碰毒品，不喝酒，也不熬夜。她对移民过来的父母一向很尊重，没有辜负他们对她的一切期望。现在她因自杀未遂而在重症监护室里待了一周。

当梅第一次来看病时，她提前30分钟就到了，在接待处耐心地等待着。她身材苗条，打扮得好像要去面试似的。她的声音很小，有时很难听到她在说什么，好像她觉得自己要说的话不是很重要似的。

梅告诉医生，她无法集中精神，无法入睡，有时一哭就是几个小时。她已经不去上课了，整天待在卧室里，把窗帘拉下来。很明显，她无法适应强化课程的高压，所以请了假。最重要的是，她感到内疚。她一直是个完美的女儿，现在她认为自己是家庭的耻辱。

当梅的全家刚来到美国时，她还只是一个小女孩，但她很快学会了说英语，并开始负责照顾整个家。她确保水电费已付清；水槽堵了，她去叫水管工；父母吵架，她就来当裁判。她相信整个家庭的幸福和成功都要她来负责。她必须学习优秀，必须又苗条又着装得体。她不能像其他青少年一样有叛逆行为。她必须总是按照别人的吩咐去做，没有异议。

医生觉得她对治疗应该会有很好的反应。她很配合，也很聪明。但不管医生做什么，都没有改变什么，她的抑郁症没有任何消失的迹象。休学期结束后，梅退学了。

过了很长一段时间，梅才坦露她的秘密——她自行服用了苯丙胺。这是她能跟上学习进度，保持母亲能接受的体重，以及处理所有她必须承担的家务活的唯一方法。这种药物在一段时间里起了作用，但这种反应机制是注定要失败的。她也有情绪问题。在错过了正常的青少年叛逆期之后，愤怒和怨恨在她的内心盘踞，她不知道如何处理这些可怕的感觉。最终，对她来说唯一可能的治疗方案就是搬到另一个城市。她需要和家人之间保持几英里的距离，才能开始认清自己。

我们的模型与现实世界在多大程度上吻合是非常重要的。如果我们的模型不好，我们就会对未来做出错误的预测，然后做出错误的选择。糟糕的现实模型可能是由许多因素造成的：没有足够的信息，难以进行抽象思考，或者执着于错误的假设。这些糟糕的假设可能会导致焦虑和抑郁等精神疾病。例如，如果一个孩子在父母的挑剔下长大，她可能会产生自己是一个无能的人的想法，这种想法将塑造她一生所创造的世界模型。治疗师可以通过心理治疗来改变这些错误的、通常是无意识的假设，其中可能包括领悟疗法。在这种治疗中，患者和治疗师共同努力揭示被锁定在消极假设中的压抑记忆。另一个有用的方法是认知行为疗法，它直接针对假设，并教给患者改变假设的实用策略。

随着我们积累的经验越来越多，我们会开发出越来越好的模型，智慧便由此产生。我们接受运作良好的模型，抛弃不能带我们抵达向往之地的模型。从上一代传下来的知识可以帮助我们以有别于直接经验的方式改进我们的模型。俗语说得好："一针及时，九针可省。"而且，我们还有伟大科学家和哲学家传承下来的知识。

贪婪的多巴胺

打破模型：开启创新之路

如果你只有一把锤子，一切看起来都像钉子。

——谚语

模型是一种强大的工具，但也有缺点。它们会让我们陷入特定的思维方式中，导致我们错失一些改善世界的机会。例如，大多数人都知道计算机需要指令才能工作，而程序员会在键盘上输入这些指令。这就是一个简单的模型：在键盘上输入指令可以操作计算机。施乐帕克研究中心的科学家们在发明鼠标和图形用户界面之前，必须先把自己从这个模型中解放出来。建立模型的是多巴胺，让模型解体的也是多巴胺。两者都要求我们思考目前不存在但将来可能存在的事情。

解某些类型的谜题需要我们打破模型，这样的谜题被称为洞察性问题。为了以一种全新的方式看待这个问题，必须把已有的模型拆开。下面是一个例子：

> 我在年（year）之中，但不在月（month）之中；我在周（week）之中，但不在天（day）之中。我是什么？

这个谜语很难解开，除非你以前听过或者潜在抑制很低，否则你不太可能知道答案是字母e。这个谜语把你放到一个基于日历的模型中，导致你抑制一些看似不相关的信息，比如组成单词的字母。

下面是另一个例子。序列"HIJKLMNO"代表什么？一个对该问题困惑不解的人做了一系列关于水的梦。他没能在谜题和梦境间建立起联系，但当我们知道答案是"H$_2$O（水）"时，一切就变得显而易见了。[①]在本章的后半部分，我们会更近距离地观察多巴胺驱动的梦境的威力。

下面是一个几十年前的谜题，当时的人需要做出重大的模型突破才能找到答案。但这个问题今天看起来就容易多了。

> 一对父子出了车祸。父亲当场死亡，儿子被送往最近的医院。外科医生进来喊道："我不能给这个男孩动手术。他是我儿子！"这是怎么回事呢？[②]

发现创造力的源泉

多伦多约克大学研究员奥辛·瓦塔尼安（Oshin Vartanian）想弄清楚，当人们发现解决问题的新方法时，大脑的哪一部分最活跃，所以他在人们解决需要创造力的问题时扫描了他们的大脑。他发现，当人们找到解决问题的方法时，他们右侧大脑的前部区域被激活。他想知道大脑的这一部分是否也与打破模型有关。

在第二个实验中，他没有让参与者解决问题，而只是简单地让他们运用自己的想象力。首先，他让他们想象真实的事物，比如

---

① 字母序列HIJKLMNO是"从H到O"，英文是"H to O"，谐音"H two O"，即H$_2$O（水的化学式）。——译者注

② 该谜题的答案为：医生是男孩的母亲。作者之所以说这个几十年前的谜题"今天看起来就容易多了"，可能是因为在美国，医生这个职业中，几十年前女性的比例很低（在1970年不足10%），而现在男女比例相当，使得人们在本题中的思维定式变弱，打破模型也就容易多了。——译者注

"一朵玫瑰花"。然后，他让他们想象不存在的事物，不符合传统现实模型的事物，比如"一个像直升机的生物"。研究者发现，只有当参与者思考生活中不存在的事物时，大脑负责解决创造性问题的部分才亮了起来。当他们想象现实本身的时候，这个区域没有活动。

精神分裂症患者的脑部扫描图像同样也显示出右腹外侧前额叶皮质发生了变化。这或许是因为当我们发挥创造力的时候，我们的行为有点儿像精神分裂症患者。我们不再抑制那些我们先前认为不重要的现实，而重视那些我们曾经认为无关紧要的事情。

释放艺术的能量

寻找创造力的神经基础具有巨大的潜力，因为创造力是世界上最有价值的资源。种植庄稼的新方法养活了数百万人；从蜡烛到灯泡的创新，使得将燃料转化为光的成本降低为原来的千分之一。有没有什么方法可以让这块无价之宝的威力进一步提升？如果科学家刺激大脑在创造性思维过程中活跃的部分，是否有可能让一个人变得更有创造力？

由美国国家科学基金会资助的研究人员决定尝试一下。他们使用了一种叫作经颅直流电刺激（tDCS）的技术，顾名思义，这是一种利用直流电来刺激大脑的特定区域的方法。直流电是指从电池中获得的电流，而交流电则是从墙上插座获得的。直流电比交流电安全，且用电量小。有些设备仅由一个小小的9伏电池（即你放在烟雾探测器里的那种方形电池）供电就可以运转。tDCS设备可以非常简单，尽管用于研究的商业产品价格超过了1 000美元，但一些勇敢的人从当地电子商店买来价值15美元的零件，就拼凑出了产品雏形（友情提示：不要这样做）。

小规模的研究证明，这些设备可以提高学习速度、提高注意力，甚至治疗临床抑郁症。为了提高创造力，研究者给31名志愿者的额头上安装了电极，电极刺激了位于眼睛后部的大脑，然后通过测试参与者的类比能力来衡量他们的创造力。

类比代表了一种多巴胺能的思考世界的方式。这里举一个例子：光有时表现得像从枪里发射的子弹，有时表现得像穿过池塘的涟漪。类比将一个概念中抽象、看不见的本质提取出来，并与一个看起来不相关的概念的本质相匹配。身体的感官可以感知两种不同的事物，但你可以用理性理解它们之间的相同之处。把一个全新的想法和一个熟悉的旧想法配对，可以使新想法更容易理解。

在两件原本看似不相关的事物之间建立联系的能力是创造力的重要组成部分，而且这种能力可以通过电刺激来增强。与接受了假tDCS的对照组相比，接受了真正tDCS的参与者创造了更多不寻常的类比，即在看起来非常不同的事物之间做类比。不过，这些极具创造性的类比和那些被秘密关掉设备的参与者所做的更明显的类比一样准确。

多巴胺能药物也能起到同样的作用。尽管一些服用多巴胺能药物治疗帕金森病的患者会产生毁灭性的冲动行为，但另一些患者的创造力会增强。一个来自诗人家庭的患者从来没有进行过任何创造性的写作。在开始使用多巴胺增强药物治疗帕金森病后，他写了一首诗，在国际诗人协会的年度比赛中获得了奖项。接受帕金森病药物治疗的画家喜欢增加鲜艳色彩的使用。一位接受治疗后发展出新风格的患者说："新风格不那么精确，但更具活力。我需要更多地表达自己，放飞自己。"正如小熊维尼所说："这是写诗的最好方式，让事情发生。"

梦：创造力和疯狂交融的地方

天才和疯子都属于少数，但我们都经历过两者的中点：梦。梦与抽象思维的相似之处在于，它们处理的是从外部世界获取的材料，但它们组织这些材料的方式不受物理现实的约束。梦往往包含着"向上"的主题，比如飞翔，或者从一个很高的高度坠落下来。梦也常常涉及未来的主题，有时你在梦里会追求某个很想要但总是遥不可及的目标。梦是抽象的，它脱离了现实世界的感官，梦是多巴胺能的。

弗洛伊德把发生在梦中的心理活动称为"原始过程"，它没有组织，不合逻辑，不考虑现实的局限性，由原始欲望驱动。原始过程也被用来描述精神分裂症患者的思维过程。德国哲学家亚瑟·叔本华写道："梦是短暂的疯狂，而疯狂是一个漫长的梦。"

多巴胺在做梦时被释放出来，摆脱了以现实为中心的当下神经递质的抑制作用。当下分子回路的活动受到抑制，因为外界进入大脑的感觉输入被阻断了。这使得多巴胺回路产生了奇异的连接，这也是梦的特征。琐碎、被忽略和奇怪的事物可以被提升到显著的位置，为我们提供了清醒状态下不可能出现的新想法。

做梦和精神病之间的相似性吸引了许多研究者，并产生了丰富的科学文献。意大利米兰大学的一个研究小组观察了健康人梦境中存在的奇异思维内容，并将其与健康参与者和精神分裂症患者清醒时的幻想进行了比较。

科学家们通过主题统觉测验（TAT）激发了清醒的幻想①，这种测验通过一系列卡片展示人们在各种情况下模棱两可、有时充满感

---

① 幻想在此泛指想象的产物，而不是通常拥有无限财富的白日梦。

情的画面。主题包括成功和失败，竞争和嫉妒，侵略和性。参与者被要求研究图片，然后编一个故事来解释场景。

意大利研究人员使用了一种叫作奇异密度指数的量表，将精神分裂症患者在TAT中讲述的故事和对梦的描述与作为对照的健康参与者进行了比较。测试结果证实，梦和精神病很相似。下面三类精神活动的奇异密度指数几乎完全相同：精神分裂症患者对梦的描述，精神分裂症患者清醒时讲述的TAT故事，健康人对梦的描述。第四类精神活动，即健康人醒时讲述的TAT故事，其指数得分要低得多。这项研究与叔本华的观点是一致的，即精神分裂症患者就像生活在梦中一样。

如何从梦中收获创造力

如果做梦与精神病相似，我们应该如何恢复正常的自我？这个转变是一下子就发生了，还是需要一些时间来恢复逻辑思维模式？如果需要时间的话，我们在转变的过程中是不是会经历一个有一点点疯狂的过程？还有一件事需要考虑：我们睡着的时候有时做梦，有时候不做。而当我们从睡眠过渡到清醒时，可能从睡梦中醒来，也可能从无梦的睡眠中醒来，这两种情况下我们的思维过程会有所不同吗？

纽约大学的研究人员使用TAT来评估人们从梦境中醒来后产生的故事类型，并将其与从非梦境中醒来后产生的TAT故事进行比较。他们发现，做梦后立即产生的幻想更为精细。它们更长，包含的想法更多，而且画面更生动，内容也更离奇。下面是一个健康的受试者从梦境中醒来后讲述的故事。受试者看到一个男孩看着小提琴的照片，产生的幻想内容是：

> 他在审视他的小提琴，看起来有些悲伤。等一下！他嘴角流血了！还有他的眼睛……看起来好像看不见！

另一位从梦中醒来的受试者看到一张年轻人的照片，年轻人懒洋洋地躺在地板上，头枕在长凳上。他身旁的地板上有一把手枪。以下是受试者幻想的内容：

> 一个男孩躺在床上。他可能有点儿情绪问题。他快要哭了，也许他在笑，也许在玩游戏。也可能是个女孩。他们都死了。或者是只猫？地板上有东西……几把钥匙，一朵花，或者可能是一个玩具，或一条船。

在从一场无梦睡眠中醒来后，同一个受试者被出示了另一张卡片，他随后写下了一个明显不那么奇怪的描述，简单地说是："一个穿衬衫的男孩，他没有穿袜子。我看不到其他东西。"

很多人都有过从梦中醒来的经历，感觉自己好像被夹在两个世界之间。在这种状态下，他们的思维更加流畅，从一个话题跳到另一个话题，不受逻辑规则的约束。事实上，一些人报告说，正是处在这两个世界之间时，他们体验到了最具创造性的思想。负责把我们的注意力集中在感官外部世界上的当下过滤器还没有被重启，多巴胺回路继续不受对抗地突进，思想畅行无阻。

弗里德里希·奥古斯特·凯库勒（Friedrich August Kekulé）最知名的成就是发现了苯分子的结构。苯是当时一种重要的工业化学品，化学家们已经证实这个分子是由 6 个碳原子和 6 个氢原子组成的，这让人大吃一惊，因为通常这类分子的氢原子会比碳原子多。很明显，无论这个分子的结构是什么，它都不是一个普通的分子。

化学家试图用各种不违反化学键规则的方式排列碳原子和氢原子。他们知道碳原子可以像珠子一样串在一起，也可能以特定角度形成分枝结构，但他们尝试了很多结构，都不符合苯分子的已知性质。它的真实形状成为一个谜。凯库勒这样描述他意识到这个形状是什么时的顿悟：

"我坐在那里写我的化学教科书，但进展很不顺利，我的思想总是在别处。我把椅子挪到壁炉边，半睡半醒。原子在我眼前跳跃。这一次，比较小的原子团处于背景中。我的思维之眼受到过类似的幻象训练，现在可以分辨出形态各异的更大的构造。它们紧密地连接在一起形成长长的一排；一切都在运动，像蛇一样蜿蜒翻转。看，那是什么？一条蛇咬住了自己的尾巴，嘲弄般地在我眼前旋转。我好像被闪电击中了一样，惊醒了。"

这条叼着自己尾巴的蛇的幻象，即古代的衔尾蛇，让凯库勒恍然大悟，他意识到苯分子的 6 个碳原子形成了一个环。就像蛇嘴里叼着尾巴一样，梦是内心思想的内在表现。将感官切断后，梦让多巴胺自由流动，不受外部具体现实的约束。

哈佛医学院的心理学家和梦境研究员德尔德雷·巴雷特（Deirdre Barrett）博士指出，凯库勒用视觉形式想出问题的答案并不奇怪。大部分大脑在做梦时和清醒时同样活跃，但它们有重要的区别。大脑中用于过滤看似不相关细节的部分额叶被关闭，这不足为奇。但在次级视皮质这个区域，活动却增加了。大脑的这一部分并不直接从眼睛接收信号（眼睛在睡觉时也不接收任何输入）。它负责处理视觉刺激，帮助大脑理解眼睛看到的东西。

梦是高度视觉化的产物。巴雷特博士在她的著作《睡眠委员会：艺术家、科学家和运动员如何利用梦来创造性地解决问题——你也可以这么做》一书中解释说，正如凯库勒在梦境中发现苯的结构一样，普通人也可以利用梦来解决实际问题。巴雷特博士在一群哈佛大学本科生中测试了利用梦境解决问题的能力。

她让这些学生选择一个对自己很重要的问题，可以是个人或学术问题，也可以是更普遍的问题。接下来，她向学生们传授"梦境孵化技巧"。这些策略可以让人多做能解决问题的梦。学生们每晚写下他们的梦，持续一周，直到他们相信他们已经解决了自己的问题。然后，这些问题和梦被提交给一个评审小组，评审们决定这个梦是否真的提供了解决方案。

结果是惊人的。大约一半的学生做了一个与他们的问题相关的梦，其中有 70% 的人相信他们的梦告诉了自己一个解决方案。独立评审们基本上认可这一说法。在做了与自己的问题相关的梦的学生中，评审们认为大约有一半的人从梦中得出了解决方案。

参与这项研究的一名学生想要决定毕业后从事什么样的职业。他申请了两个临床心理学的研究生课程，都在他的家乡马萨诸塞州。他还申请了两个心理学的企业项目，一个在得克萨斯州，另一个在加利福尼亚州。一天晚上，他梦见自己坐在飞机上，飞过一张美国地图。飞机出现了引擎故障，飞行员宣布他们需要找一个安全的地方降落。他们就在马萨诸塞州上空，这个学生建议他们降落在那儿，但飞行员说在这个州的任何地方降落都太危险了。醒来后，这个学生发觉，他从出生到现在的时光全都在马萨诸塞州度过，是时候离开了。对他来说，研究生院的位置比学习领域更重要。他的多巴胺回路为他提供了一个新的视角。

在梦中创作歌曲

做梦经常是艺术创造力的源泉。保罗·麦卡特尼说他在梦中听到了《昨天》的旋律。基思·理查兹说，他在梦里想出了《满足》的歌词和连复段。"我梦见色彩，梦见形状，梦见声音，"比利·乔在接受《哈特福德快报》采访时谈到他的歌曲《梦之河》，"我醒来时唱着那首歌，然后它就不会消失了。"REM乐队的迈克尔·斯蒂普也是用同样的方式写出了乐队的突破性歌曲《我们知道这是世界末日（而我感觉很好）》的歌词。他对《采访》杂志说："我梦见了一个聚会，聚会上除了我，每个人的名字都以 L. B. 开头，他们是莱斯特·邦克斯（Lester Bangs），伦尼·布鲁斯（Lenny Bruce），伦纳德·伯恩斯坦（Leonard Bernstein）。那首歌里的一句歌词就是这么来的。"作家罗伯特·路易斯·史蒂文森基于他的梦创作了《杰基尔博士和海德先生的奇怪案例》，斯蒂芬·金说他的小说《头号书迷》的内容也来自梦中。

梦境孵化：如何在睡眠中解决问题

选择一个对你很重要的问题，一个你有强烈愿望去解决的问题。解决问题的欲望越强，问题就越有可能出现在梦里。睡觉前考虑一下这个问题。如果可能的话，用视觉图像呈现出来。如果是与人际关系有关的问题，想象一下涉及的人。如果你在寻找灵感，想象一张空白的纸。如果你在某个项目上遇到困难，请想象一个表示该项目的对象。心中想着它，甚至在入睡时也要想着它。

在你的床边放一支笔和一张纸。一旦你从梦中醒来，就把你的梦写下来，不管你是否认为它与你想的问题有关。梦境可能难以捉摸，答案可能会隐藏在别的内容中。重要的是要立即记录下梦境，因为如果你开始思考其他事情，你就会在几秒钟内忘记做了什么梦。很多人都有过这样的经历：从一个感受强烈的梦中醒来，它充满对你个人具有意义的情节，但不到一分钟你就无法回忆起任何细节了。

你可能需要几个晚上的时间才能找到你要找的答案，而你从梦中得到的解决方案可能也不是最好的。但这可能会为你提供新的解决方案，帮助你从新的方向来思考问题。

诺贝尔奖得主为什么喜欢画画

美术和自然科学之间的共同点，比大多数人认为的要更多，因为两者都是由多巴胺驱动的。诗人写一首描写爱而不得的诗句和物理学家写出电子激发公式没有什么不同，都需要创作者具有超越感官世界，进入一个更深层、更深刻的抽象思想世界的能力。科学家这个精英群体中充满了艺术灵魂。美国国家科学院成员中有艺术爱好的比例大约是普通人的 1.5 倍，英国皇家学会成员的数字大约是两倍，诺贝尔奖获得者的数字则近三倍。你越善于处理最复杂、最抽象的想法，你就越有可能成为一名艺术家。

当千禧之年发生计算机编程危机时，艺术和科学之间的这种相似性变得尤为重要。为了节省当时十分昂贵的内存空间（和按键时间），计算机程序员养成了只使用最后两位数字来表示年份的习惯（如 99 代表 1999）。程序员们没有考虑到下一个世纪的情况，那时的 99 可能意味着 2099 年。数以千计的程序面临崩溃的危险，不仅是网页浏览器和文字处理器，还有控制飞机、水坝和核电站的软件。据了解，"千年虫"影响了许多系统，以至于找不到足够的计算机程序员来解决所有问题。据报道，有些公司不得不聘用失业的音乐家来处理，因为他们学习编程比其他人更快。

天才为什么是混蛋

一些人总是兼具音乐和数学的能力，因为多巴胺水平的升高通常会影响方方面面：如果你在一个领域多巴胺水平很高，那么你在其他领域可能多巴胺水平也很高。科学家同时也是艺术家，音乐家同时也是数学家。但多巴胺也有不利之处，有时多巴胺过多是一种负担。

高水平的多巴胺会抑制当下分子的功能，所以聪明的人在人际关系上往往很差。我们需要当下的同理心来理解别人的想法，这是社交互动的基本技能。你在鸡尾酒会上遇到的科学家会一直喋喋不休地讲述他的研究，因为他无法察觉你对此多么缺乏兴致。同样，爱因斯坦也曾说过："我对社会正义和社会责任充满热情，但我与其他人直接接触时却表现冷淡，这实在是一种奇怪的对比。"他还说过："我爱人类，但我讨厌人。"处理社会正义和人性的抽象概念对他来说很容易，但与一个具体的人碰面对他来说太难了。

爱因斯坦的个人生活也反映了他在人际关系上的笨拙。与人相比，他对科学更感兴趣。在他和妻子分开的两年前，他开始和表姐有染，并最终娶了她。他之后再次不忠，背着他的表姐，与他的秘书以及可能多达 6 个其他女友交往。他的多巴胺能思维既是一种福报，也是一种诅咒——多巴胺水平的升高让他发现了相对论，而很可能也正是多巴胺驱使他从一段关系转到另一段关系，让他无法专注于当下分子控制的长期陪伴之爱。

了解天才的大脑是如何工作的，有助于进一步了解多巴胺能人格，及其不同的表现方式。我们知道冲动的寻欢作乐者，他们很难维持长期关系，而且很容易上瘾。我们也见过冷静的计划者，他们宁愿在办公室待到很晚，也不愿和朋友一起享受时光。现在我们看到了第三种情况：一些有创造力的天才，无论是画家、诗人还是物理学家，他们如此不擅长人际关系，以至于他们看起来有些孤僻[①]。此外，多巴胺能的天才也会过分专注于内心的想法世界，这使得他们会穿着不同颜色的袜子，忘记梳头，而且忽略与当下现实世界有关的任何事情。柏拉图曾写过一件事，古希腊哲学家苏格拉底整日整夜站在一个地方思考问题，完全意识不到他周围发生了什么。

这三种人格类型表面上看起来很不一样，但都有一些共同点。他们过分关注未来资源的最大化，而牺牲了在此时此地的享受。追求快乐的人总是想要更多，不管他得到多少，永远都不够。无论他

---

① 孤独症也与大脑中异常高水平的多巴胺活动有关。

获得了之前多么期待的快乐，他都无法从中找到满足感。一旦这份快乐来临，他就把注意力转移到下一步上。善于冷静做计划的人也会遭遇未来和现在之间的失衡。和追求快乐的人一样，他也不断地想要更多，但他着眼长远，追求更抽象的满足形式，如荣誉、财富和权力。天才生活在未知、尚未被发现的世界里，一心想通过自己的工作让未来变得更美好。天才改变了世界，但他们的痴迷往往表现为对他人的冷漠。

仁慈的厌世者

极其聪明、成功和极富创造性的人，也就是那些典型的多巴胺丰富的人通常会表达一种奇怪的情绪：他们对人类充满激情，但对个人却没有耐心：

> 我越爱人类，我就越不爱人。在我的梦里，我经常为人类的福祉谋划。……但是我无法和任何人在同一个屋子里住超过两天。……一有人靠近我，我就对他们怀有敌意。
>
> ——陀思妥耶夫斯基

> 我是一个厌世者，但内心仁慈。我这个人很多方面都不对劲，但作为一个超级理想主义者，我对哲学的理解比对食物更高效。
>
> ——阿尔弗雷德·诺贝尔

> 我爱人类，但我讨厌人。
>
> ——埃德娜·圣文森特·米莱

有时，他们使用的语言甚至都几乎一模一样：

> 我爱人类，……但我无法忍受人。
>
> ——查尔斯·舒尔茨（《花生漫画》中莱纳斯的台词）

这种态度可能不体面，但是有原因的。高多巴胺能的人通常喜欢抽象思维而不是感官体验。对他们来说，爱人类和爱邻居的区别相当于爱一只小狗和照顾它的区别。

精神崩溃的牛顿

几乎可以肯定的是，爱因斯坦的多巴胺能特征有相当一部分是由基因决定的。他的两个儿子中有一个成为国际知名的水利工程专家，另一个在 20 岁时被诊断患有精神分裂症，后在精神病院去世。大量研究也发现了多巴胺能特性的遗传成分。冰岛的一项研究对 86 000 多人的基因进行了评估，发现那些携带更容易患上精神分裂症或双相情感障碍基因的人，大部分都加入过全国性的演员、舞蹈家、音乐家、视觉艺术家或作家协会。

发现微积分和万有引力定律的艾萨克·牛顿，就是一名问题天才。他很难与他人相处，与德国数学家兼哲学家戈特弗里德·莱布尼茨的科学争论也不太光彩。他神秘多疑，不会表现出感情，甚至有些冷酷无情。在他担任皇家造币厂厂长时，他不顾同事的反对，把许多造假者处以绞刑。

牛顿时不时还会做出荒唐的举动。他花了大量时间试图在《圣经》中找到隐藏的信息，并就宗教和神秘之事写了超过 100 万字的文字。他追求中世纪的炼金术，痴迷于寻找哲人石，在炼金术士眼中哲人石这种神秘的物质具有魔力，甚至可以帮助人类获得永生。50 岁时，牛顿已完全精神错乱，在精神病院待了一年。

分析这些证据，我们发现牛顿应该具有很高的多巴胺水平，这是他才华横溢、难以和人打交道和精神崩溃的原因。有这样特征的并不止他一个，许多杰出的艺术家、科学家和商界领袖被认为或被诊断出患有精神疾病，比如路德维希·凡·贝多芬、爱德华·蒙克（画《呐喊》的画家）、文森特·凡·高、查尔斯·达尔文、乔治亚·奥基夫、西尔维娅·普拉斯、尼古拉·特斯拉、瓦斯拉夫·尼金斯基（20 世纪初最伟大的男舞者，他编舞的一场芭蕾舞曾引起一场骚乱）、安妮·塞克斯顿、弗吉尼亚·伍尔夫、国际象棋大师鲍比·费舍尔，等等。

多巴胺给予我们创造的力量。它让我们想象不真实的事物，把看似不相关的事物联系起来。它允许我们建立世界的心理模型，超越单纯的物理描述，超越感官印象，揭示藏在体验之下更深层次的意义。然后，就像孩子推倒一座积木塔一样，多巴胺摧毁了自己的模型，这样我们就可以重新开始，在曾经熟悉的事物中找到新的意义。

但这种力量是有代价的。创造性天才的多巴胺系统过度活跃，因此他们患精神疾病的危险就会更高。虚幻的世界有时会突破它的自然界限，让人过度兴奋，产生偏执和妄想，导致狂躁行为。此外，多巴胺能活动的增强可能会压倒当下分子系统，妨碍一个人建立人际关系和驾驭日常现实世界的能力。

但对一些人来说，这无关紧要。在他们看来，创造带来的快乐是无与伦比的，无论他们是艺术家、科学家、预言家还是企业家。不管他们的职业是什么，他们从不会停止工作。他们最关心的是对创造、发现或启蒙的热情。他们从不放松，从不停下来享受他们拥有的美好事物。相反，他们痴迷于建立一个永远不会到来的未来。因为当未来变成现在时，就需要激活多愁善感的当下化学物质来享受当下，而这正是高多巴胺能的人不喜欢和避免的。他们为公众做出了许多贡献，但无论他们变得多么富有、出名或成功，他们很少体验到快乐，也从不知道满足。促进物种生存的进化力量产生了这些特殊的人。大自然驱使他们牺牲自己的幸福，把有益于其他人的新思想和创新带入这个世界。

沙滩男孩乐队

　　沙滩男孩乐队的布莱恩·威尔逊（Brian Wilson）是最具革命性的流行音乐家之一。他早年的音乐看似简单：关于冲浪、汽车和女孩的朗朗上口的曲调。但他随后做了大胆的尝试——音乐听起来同样悦耳，却变得越来越复杂而有层次。作为作曲家、编曲家和制作人，他开始在流行音乐中加入新的声音及其组合。它们有一些是熟悉的变体：把普通和弦以不寻常的方式形成和声，用少见的音高组合作为和弦，以及在意外之处插入标准的和弦进行。威尔逊使用了一些不常用的乐器，如大键琴和特雷门电子琴，后者以前被用来制造恐怖电影中怪异的嗡嗡声。他还使用了一些非乐器装置：火车汽笛、自行车铃铛和山羊叫声。1966 年的专辑《宠物声音》达到了历史性的高度，这是一个广受好评的创造性音乐合集，提供了前所未有的听觉盛宴。如果说鲍勃·迪伦等艺术家将流行乐和摇滚乐的歌词从打油诗提升到诗歌，布莱恩·威尔逊则将音乐本身从三和弦与主歌—副歌结构转变为沙滩男孩乐队宣传人德里克·泰勒所称的"口袋交响乐"。

极具创造性且跨度较大的连接表明，威尔逊经历了与高水平多巴胺相关的低潜在抑制，但这也可能导致了威尔逊的精神疾病。"他总是听到一些声音，"他的妻子梅琳达·莱德贝特（Melinda Ledbetter）在2012年接受《人物》杂志采访时说，"从他脸上的表情我可以判断是好声音还是坏声音。对我们来说这很难理解，但对他来说这些声音是非常真实的。"他先是被诊断患有精神分裂症，后来被诊断为分裂情感障碍，同时具有精神分裂症和异常情绪（包括幻觉和偏执）的综合症状。2006年，他告诉《能力》杂志，他在25岁时开始有幻听，在那一周前他刚开始服用迷幻药。"在过去的40年里，我的脑子里每天都有幻听，我无法让它们停止。每隔几分钟，这些声音就对我说些不好的话。……我认为它们之所以找上我是因为嫉妒。我脑子里的声音都在嫉妒我。"

威尔逊说，为减少症状所做的治疗并没有显著降低他的创造力。与人们的普遍看法相反，精神疾病若不经治疗，它造成的痛苦是一种障碍，而不是帮助。"以前我经常长时间什么都做不了，但现在我每天都在创造音乐。"

保守主义者：热衷于已有罪恶的政治家，

与希望用其他罪恶代替已有罪恶的自由派不同。

——安布罗斯·比尔斯，《魔鬼辞典》

第 5 章

自由与保守

为什么我们不能和睦相处？

我们将学习超级大国和洗手液是如何影响我们的政治意识形态的。

被撤稿的文章

2002 年 4 月，《美国政治科学杂志》发表了一篇研究报告——《相关性而非因果关系：人格特质与政治意识形态的关系》。该报告由弗吉尼亚联邦大学的研究人员撰写，他们研究了政治信仰与人格特质之间的联系。他们发现两者是相关的，这种联系可以归因于基因。在研究过程中，他们注意到某些个性特征与自由主义者有关，而另一些则与保守主义者有关。

他们对一组人格特征（精神病医生称之为"人格群组"）特别感兴趣，用 P 表示。作者指出，P 分低的人更有可能具有"利他主义、善于社交、有同理心和传统"的特质。相比之下，P 分高的人则更"善于操控、思想强硬和讲究实用主义"，并表现出"爱冒险、追求刺激、易冲动和权威主义"等特质。他们的结论是："因此，我们预期更高的 P 分与更保守的政治态度有关。"

他们的发现与他们的预测相当吻合。他们说，这种刻板印象是真的：保守派易冲动行事和独裁，而自由派则倾向于乐于社交和慷慨大方。但在科学领域，你的发现完全吻合你所期望的结果，可能是个危险信号。2016 年 1 月，在原始报告发表 14 年后，该期刊发表了一篇撤稿声明：

> 在《相关性而非因果关系：人格特质与政治意识形态的关系》的发表版本中存在一个错误，作者对此表示抱歉。（原文中的）解释……完全反了。

有人把标签弄反了，事实上他们所报告的结论正好是反的。在他们的研究中，善于操控、思想强硬和追求实用主义的，不是保守主义者，而是自由主义者。而利他主义、善于社交、有同理心和传统的则是保守主义者。许多人对这种结论表示惊讶。但是，如果我们考虑一下这项研究在最基本的层面上发现了什么，以及它与多巴胺系统的关系，就会明白，修正后的结果肯定比最初的发现讲得通。原本的结果被广泛报道，但完全弄反了方向。

人格测量的局限性

心理学家几十年来一直致力于研究测量人格的方法。他们发现人格可以分为不同的领域，比如一个人有多愿意尝试新的经历，或者他有多自律。美国心理学家把人格分为 5 个领域，而英国人更喜欢分为 3 个领域。但当一个科学家专注于某个领域时，他只是在衡量一个人在某方面的个性，而非整个人。比如两名同情心得分都很高的护士。乍一看，人们可能会想象这两个人很相似。但我们还要考虑其他人格领域。一个护士可能更外向而情绪化，另一个则更内向而克制。尽管护士们可能有一些共同的个性特征，但他们是一个由众多独特个体组成的群体。

人格测量的另一个限制是，科学家通常会报告一个群体的平均得分。因此，即使一项研究发现自由主义者比保守主义者更倾向于冒险，说所有自由主义者都愿意冒险也是不对的，很可能也有一些人习惯于寻求安全。对个性的研究有助于我们预测一群人的群体行为，但它们对预测一个人的个体行为帮助不大。

进步主义者憧憬美好未来

这项研究最终将以下这些特征与自由主义者相关联：爱冒险、追求刺激、易冲动和权威主义，这些恰好也是多巴胺升高的特征[①]。但是多巴胺能的人真的倾向于支持自由主义政策吗？看起来答案是肯定的。自由主义者经常把自己称为"进步的"，这个词意味着不断的提升。进步主义者总是会拥抱变革。他们设想未来会更美好，在某些情况下甚至认为技术和公共政策的正确结合可以消除

---

① 事实上，来自伦敦精神病学研究所的一组科学家发现，与得分较低的人相比，P得分高的人大脑中多巴胺受体聚集得更紧密。密集的受体堆叠导致更强的多巴胺信号，进而导致个性特征的出现。P代表的是精神质（psychoticism），这也说明了这种联系。高P值是精神分裂症发展的危险因素。这并不意味着所有的自由主义者都有可能成为精神病患者，但他们中的许多人都与高度创造性的人有共同点，其中有人有时也会掉进精神病的行列。

人类境况的根本问题，如贫穷、无知和战争。进步主义者是理想主义者，他们利用多巴胺想象了一个比我们今天生活的世界更好的世界。进步主义是一个向前的箭头。

"保守"这个词则意味着要保持我们从先辈那里继承的宝贵遗产。保守主义者常常对变革持怀疑态度。他们不喜欢那些总是告诉他们该怎么做进而推动文明进程的专家，即使这些倡议也满足他们自己的最大利益，例如要求摩托车驾驶员戴头盔，或者促进健康饮食。保守派不信任进步派的理想主义，认为他们要建立一个完美乌托邦的努力是不可能实现的，反而可能导致极权主义，使得精英统治公共和私人生活的所有方面。与进步主义之箭不同，保守主义更适合用圆圈来表示。

《纽约时报》杂志前首席政治记者马特·白（Matt Bai）在无意中认识到了左派和右派之间的多巴胺差异，他写道："民主党因为体现了现代化而抢占先机。只有当自由主义代表政府的改革，而不仅仅是维护政府时，自由主义才会取得胜利。……美国人不需要民主党也去怀旧和复兴，他们已经有共和党人做这些了。"

通过观察特定人群，多巴胺和自由主义之间的联系得到了进一步证明。多巴胺能的人往往富有创造力，他们也能很好地处理抽象概念。他们喜欢追求新奇事物，对现状普遍不满。有没有证据表明这类人在政治上更可能属于自由派？硅谷的初创公司吸引的正是这种类型的人：有创造力，理想主义，擅长抽象思维，如工程、数学和设计。他们是反叛者，不断寻求变革，甚至冒着破产的危险。硅谷的企业家以及为他们工作的人，往往极富多巴胺能。他们意志坚强、敢于冒险、追求刺激，与《美国政治科学杂志》修正版文章中的自由主义者的特征相符。

就我们所知，硅谷的政治局势是什么样的呢？一项针对初创企业创始人的调查显示，83%的人持进步主义的观点，认为教育可以解决社会上的所有或大部分问题。而在公众中，只有44%的人相信这是真的。创业者比普通公众更希望政府鼓励明智的个人决策。80%的人相信，几乎所有的变化从长远来看都是好的。在2012年的总统大选中，超过80%来自顶尖科技公司的员工捐款都给了巴拉克·奥巴马。

从好莱坞到哈佛

多巴胺和自由主义之间关联的另一个例子可以在娱乐业找到。好莱坞是美国创造力的圣地，也是多巴胺能泛滥成灾的地带。每天生活在闪光灯下的名人整日纸醉金迷，他们追求金钱、毒品和性，以及当下流行的一切。他们很容易感到无聊。根据英国智库婚姻基金会的一项研究，名人的离婚率几乎是普通人的两倍。更糟糕的是，在结婚的第一年，也就是夫妻必须从充满激情的爱情过渡到生活伴侣的时段，新婚名人的离婚率几乎是普通人的6倍。

演员面临的许多问题本质上都是多巴胺能的。2016年对澳大利亚演员的一项研究发现，尽管"演员工作中有个人成长的感觉和目标感"，但他们极易患上精神疾病。这些参与者面临一些关键的问题，包括"自主性问题、缺乏对环境的掌握、复杂的人际关系和高度的自我批评"。这些是高多巴胺能的人最难面对的挑战，他们需要感觉到自己能控制周边的环境，但常常难以驾驭复杂的人际关系。

政治方面，自由主义观点主导着好莱坞。据美国有线电视新闻网（CNN）报道，名人们为奥巴马总统的连任竞选捐款达80万美元，而给共和党挑战者米特·罗姆尼的捐款仅为 7.6 万美元。由政治响应中心运营的旨在追踪政治资金和竞选财务记录的网站 opensecrets.org 发布报告说，在同一个选举周期内，在美国七大传媒公司工作的人向民主党捐款的数额是向共和党捐款的 6 倍。

接下来是学术界，这里是多巴胺的殿堂。学者们被认为生活在象牙塔里，而不是土屋陋舍之中。他们献身于非物质、抽象的思想世界，而且立场非常倾向于自由主义。在学术界，你找到共产主义者的可能性都大于保守主义者。《纽约时报》的一篇评论指出，只有 2% 的英语系教授是共和党人，而 18% 的社会学家则认为自己是马克思主义者。

在大学校园里，强制所有人接受自由主义正统思想的情况比在任何其他环境下都更为普遍。喜剧演员克里斯·洛克告诉《大西洋月刊》的一名记者，他不会在大学校园里表演，因为观众太容易被不符合自由主义意识形态的言论冒犯。杰瑞·宋飞在一次电台采访中也说，有些喜剧演员告诉他不要离大学太近。他被警告说："他们太政治正确了。"

自由主义者更聪明吗？

如果你能在学术界立足，你的智商通常不会低，但高智商是否会延伸到普通的自由主义者，也即更可能拥有高活性多巴胺系统的人身上呢？可能是这样的。心理学家测量智力的一个基本方法就是测试多巴胺控制回路操纵抽象想法的能力。

为了探讨自由主义者和保守主义者谁的智力高，伦敦政治经济学院的科学家金泽聪（Satoshi Kanazawa）对一组高中时曾测试过智商的男女进行了评估。他们将这些分数按政治意识形态平均后，出现了一个明显的趋势。自认为是"坚定的自由主义者"的成年人的智商测试得分高于自认为"自由主义者"的成年人，自由主义者的得分高于自称为中间派的人，而自认为中间派的人的得分高于保守主义者，保守主义者的得分又高于自称为"坚定的保守主义者"的人。总平均分为100分，其中坚定的自由主义者平均智商为106，而坚定的保守主义者平均智商为95。

宗教信仰方面呈现出一个较小但相似的趋势。无神论者的平均智商为103，而坚定的信徒的平均智商为97。有必要强调的是，这些智商都是平均值。在更大的群体中，保守主义者里也有超级聪明的，自由主义者里也有智商一般的。此外，群体间的总体差异很小。"正常"范围是90到109，110以上为"高智商"，140以上则为"天才"。

心理灵活性，即一个人针对环境变化而改变行为的能力，也是衡量智力的一个因素。为了评估心理灵活性，纽约大学的研究者们做了一个实验，他们要求被试者在看到字母W时按下按钮，当他们看到字母M时，则不要按下。被试者必须快速思考，当字母显示出来时，他们只有半秒钟的时间来决定是否按下按钮。为了让事情变得更困难，研究人员有时会改变规则：字母M出现的时候按下按钮，字母W出现的时候不按。

保守党人完成这项任务比自由党人更困难，特别是当研究人员先给一系列按下按钮的命令，之后再给不要按按钮的命令的时候。更改命令时，他们很难调整自己的行为。

为了更好地了解到底发生了什么，科学家们将电极连接到受试者的头部，这样就可以测量他们的大脑活动。当按按钮的信号出现时，自由主义者和保守主义者没有太大的区别。但是当不要按按钮的信号出现，参与者只有半秒钟的时间做出决定时，自由主义者立即启动了他们大脑中负责错误检测的部分（包括预期、注意力和动机），而保守主义者则没有。当环境发生变化时，自由主义者在快速激活神经回路和调整反应以应对新挑战方面做得更好。

什么是智力？

智力有许多不同的定义。大多数专家都认为智商测试并不能衡量一般智力。它更着重于衡量根据不完整数据进行归纳和使用抽象规则找出新信息的能力。另一种说法是，智商测试衡量了一个人根据过去的经验建立假想模型，然后利用这些模型预测未来会发生什么的能力。控制多巴胺在这些过程中起着很大的作用。

然而，还有其他定义智力的方法，例如做出良好日常决策的能力。对于这种类型的心理活动，当下的情绪是必不可少的。南加州大学的神经科学家安东尼奥·达马西奥（Antonio Damasio）是《笛卡尔的错误：情感、理性和大脑》一书的作者，他指出，大多数决定都不能用纯理性的方式做出。要么我们没有足够的信息，要么我们拥有的信息太多，超出了我们处理的能力。我应该上哪所大学？跟她说对不起的最好方法是什么？我应该和这个人做朋友吗？我应该把厨房刷成什么颜色？我应该嫁给他吗？是现在表达我的观点，还是保持沉默？

与我们的情绪保持联系、熟练地处理情绪信息，几乎对我们做出的每一个决定都至关重要。光有超凡的智力是不够的。你可能十分熟悉那种科学天才或才华横溢的作家的形象，他们在现实生活中就像一个无助的孩子，因为他们缺乏"常识"——做出正确决定的能力。

情绪在决策中的作用没有像理性思维的作用那样被广泛研究，但不难预测拥有强大的当下系统的个体将在这方面具有优势。在智商测试中取得高分可能预示着学业上的成功，但对于幸福的生活来说，情感上的成熟可能更重要。

群体趋势与个案差异

科学家通常会研究一大群人。他们测量感兴趣的特征，并计算平均值，然后将这些平均值与所谓的对照组进行比较。对照组可能是普通人、健康人或大众。例如，一位科学家可能会做一项人口研究，揭示吸烟人群的癌症发病率高于其他人。她还可能做一项遗传学研究，发现拥有能加速多巴胺系统的基因的人与没有这种基因的人相比，平均来说更有创造力。

问题是，当我们谈论一个大型群体的平均值时，总会有例外，有时会有很多例外。许多人都知道有个别烟民活到 90 多岁的例子。同样，不是每个拥有高多巴胺能基因的人都富有创造力。

很多事情都会影响人类的行为：几十种不同基因的相互作用，你在什么样的家庭长大，你在小时候是否被鼓励要有创造性。一个特定的基因通常只会产生很小的影响。所以虽然这些研究促进了我们理解大脑是如何工作的，但它们并不能很好地预测某个特定的个体，即一个大群体中的某一个成员将如何表现。换言之，一些对你所在群体的观察结果可能并不符合你这个特定的例子，这也是意料之中的。

自由与保守的对决

保守主义者面临的困难很有可能源于他们DNA中的不同。事实上，总体而言，政治态度似乎会受到基因的影响。除了刚刚讨论过的《美国政治科学杂志》文章外，其他研究也支持多巴胺能人格的遗传倾向与自由主义意识形态之间的联系。加州大学圣迭戈分校的研究人员集中研究了多巴胺受体D4的一种编码基因。和大多数基因一样，D4基因有许多变体。具有不同微小变异的基因被称为等位基因。每个人携带的不同等位基因（以及他们的成长环境）都决定了他们的独特个性。

D4基因的一个变体被称为7R，拥有7R变体的人喜欢探求新奇事物。他们对单调的事物的容忍度较低，喜欢追寻新的或不寻常的事物。他们可能易冲动、爱探索、用情不专、易兴奋、急性子、挥霍无度。而生性不爱追求新事物的人更可能表现为爱沉思、不变通、忠诚专一、克制、慢性子、勤俭节约。

研究人员发现，7R等位基因与坚持自由主义意识形态之间存在联系，但前提是一个人生长在各种政治观点并存的环境。必须同时具备基因因素和社会因素，才能发生关联。在新加坡的一个中国汉族大学生样本中也发现了类似的关联，这表明 7R 等位基因与坚持自由主义意识形态之间的联系并非西方文化所独有。

纳税还是捐赠？

虽然保守主义者平均来说可能缺乏多巴胺能富足的左派人士的一些超凡天分，但他们却可能具有强大的当下系统，比如同理心和利他主义（慈善捐赠），以及建立一夫一妻长期关系的能力。

《慈善纪事报》发表的一份研究报告描述了慈善捐赠的左右之分。研究人员利用美国国税局的数据，根据 2012 年选举中每个人的投票情况，评估了各州的慈善捐赠情况。[①]

《慈善纪事报》发现，捐款占收入比例最高的人居住在投票给罗姆尼的州，而捐款占收入比例最低的人居住在投票给奥巴马的州。事实上，捐款比例最高的前 16 个州都投票给了罗姆尼。按城市分类发现，自由主义城市旧金山和波士顿接近底部，而盐湖城、伯明翰、孟菲斯、纳什维尔和亚特兰大则更慷慨。这些差异与收入无关，穷人、富人和中产阶级的保守主义者都比对应阶层的自由主义者愿意付出更多。

但这些结果并不表示保守主义者比自由主义者更关心穷人。

---

① 数据也有一些问题。因为它来自纳税申报表，所以它依赖于逐条列报的 35% 的纳税人，并且通常情况下是更富有的纳税人。此外，只有大约 1/3 的慈善捐款被捐给了穷人。根据来自美国的一份 2011 年的报告，32% 的捐赠给了宗教组织，29% 的捐助给了教育机构、私人基金会或艺术、文化和环境慈善机构。尽管存在这些问题，报告还是对谁最有可能给别人捐款提供了一个有趣的概述。

相反，可能像爱因斯坦一样，自由主义者更愿意关注人类，而不是某个人。自由主义者主张通过法律来帮助穷人。与慈善捐赠相比，立法是一种更为间接的解决贫困问题的方法。这反映了我们在关注重心方面经常看到的差异：多巴胺能的人对远期的行动和计划更感兴趣，而当下分子水平高的人则倾向于关注近在咫尺的事情。在这种情况下，政府既充当自由派同情的代理人，同时也是施惠者和受惠者之间的缓冲。政府机构提供给穷人资源，而这些机构正是由数百万的个体纳税人集体出资的。

政策和慈善，哪个更好？这取决于你如何看待它们。正如人们所预期的，政策能最大限度地为穷人提供资源。最大限度地利用资源是多巴胺的最佳选择。2012 年，美国联邦、州和地方政府为消除贫困花费了大约 1 万亿美元，平均下来，在每个穷人身上大约花了 2 万美元。而慈善捐赠仅为 3 600 亿美元。多巴胺能方法提供的资金是捐赠的近 3 倍。

但另一方面，帮助的价值不只是这些金钱。非个人的政府援助对当下情绪的影响不同于个人与教会或慈善机构的联系。慈善比法律更灵活，所以它能够更好地关注真实个体的独特需求，而不是抽象定义的群体。为私人慈善机构工作的人会与他们帮助的人密切接触，通常是实际的接触。这种亲密的关系使他们能够了解所帮助的人，并提供个性化的帮助。通过这种方式，慈善机构不仅能提供物质资源，也能给予情感支持，比如帮助身体健全的人就业，或者更普遍地说，向资源匮乏的人表示关心，让他们认为自己被当作独立的个体对待。许多慈善机构强调个人责任和良好的品格，认为这才是最有效的攻坚脱贫的战斗武器。这种方法并不对每个人都起作用，但对某些人来说，它比获得政府津贴更有帮助。

给予者也能从给予中获得情感上的好处。享乐主义悖论指出，自己寻求幸福的人是不会找到幸福的，帮助别人的人才会找到幸福。利他主义与幸福、健康和长寿联系在一起。有证据表明，帮助他人能在细胞水平上延缓衰老。凯斯西储大学生命伦理学系的研究人员认为利他主义的好处可能来源于"更深层次、更积极的社会融合，将注意力从个人问题和专注于自我的焦虑上转移出去，增强生活的意义和目的，促进更积极的生活方式"。这些都是通过纳税无法获得的好处。

如果政策能给穷人提供更多的资源，而慈善机构能增加额外的福利，为什么不两者兼顾呢？问题在于多巴胺和当下神经递质通常是相互对立的，这就产生了非此即彼的问题。支持政府对穷人实施援助（多巴胺能的方式）的人不太可能捐赠（当下分子的方式），反之亦然。

芝加哥大学的综合社会调查项目自 1972 年以来一直在跟踪美国社会的趋势、态度和行为。调查提出了关于收入不平等的问题。结果显示，强烈反对政府为解决这一问题而进行再分配的美国人给慈善机构的捐款是坚决支持政府行动的人的 10 倍：前者每年捐赠 1 627 美元，后者每年捐赠 140 美元。同样，认为政府在福利上花太多钱的人，比支持政府在福利事业上投入更多经费的人更有可能给街上的人指路、给收银员小费，给无家可归的人食物或钱。几乎每个人都想帮助穷人，但多巴胺占主导的人和当下分子占主导的人帮助穷人的方式不同。多巴胺能的人希望穷人得到更多帮助，而当下分子人格的人希望一对一地提供帮助。

与保守主义者结婚

保守主义者倾向于亲密的个人接触，采取亲力亲为的方式帮助穷人，这也使得他们更有可能建立长期的一夫一妻制关系。《纽约时报》报道说："在美国蓝州①的任何地方，特别是在像纽约、旧金山、芝加哥、波士顿和华盛顿这样的自由主义堡垒度过童年，会使人们结婚的可能性比美国其他地方低 10 个百分点。"此外，自由主义者结婚后，也更可能不忠于伴侣。

除了慈善捐赠，综合社会调查项目还跟踪调查了美国人的性行为。从 1991 年开始，他们问了这样一个问题："你结婚后有没有和丈夫或妻子以外的人发生过性关系？"在评估了政治意识形态和智力之间的关系之后，金泽博士分析了这些数据，试图找出谁最有可能给出肯定的回答。在被认定为保守主义者的人中，有 14% 的人对配偶不忠。在被认为是坚定的保守主义者的人中，这个数字略微下降到 13%。在自由主义者中，有 24% 的人有过出轨行为，而自称是坚定的自由主义者的人中，有 26% 的人有过出轨行为。研究者在分别分析男性和女性的数据时，也看到了同样的趋势。

保守主义者比自由主义者的性生活更少，可能是因为保守主义者更可能处于陪伴关系中，睾酮被催产素和血管升压素抑制。尽管性生活可能不那么频繁，但对双方来说，性生活更有可能以高潮结束。宾厄姆顿大学进化研究所对 5 000 多名成年人进行的一项名为"美国单身者"的调查显示，保守主义者比自由主义者更容易在性生活中经历高潮。

提供交友服务的 Match.com 公司的首席科学顾问海伦·费希尔博士推测，保守主义者总是放弃控制，这是性高潮发生的必要条件。她认为保守主义者之所以有这种能力，原因在于他们有更清晰

---

① 美国大选时，常用蓝色和红色来显示各州选举的得票分布，蓝色代表支持民主党，红色代表支持共和党。——译者注

的价值观，使得放松变得更容易。这依赖于明确的价值观和高潮时去抑制作用之间的联系，但可能不是一种最直接的解释。根据我们对性神经生物学的了解，可能存在更简单的解释。最明显的原因是，人们在信任的关系中更容易放开控制权，而这是高潮发生的必要条件。与追求新奇的多巴胺能的自由主义者相比，这种关系在寻求稳定的当下保守主义者中更为常见。此外，即时享受性的躯体感受，需要内啡肽和内源性大麻素等当下神经递质来抑制多巴胺。在当下系统的活性比多巴胺更强时，这种转变更容易实现。

约会网站OkCupid做了一个关于两性问题的调查，在关于什么样的人重视或不重视性高潮方面，发现了一个有趣的数据。他们设置的问题是："性高潮是性生活中最重要的部分吗？"然后根据政治和职业划分数据。结果表明最有可能回答"不是"的是政治上倾向自由主义的作家、艺术家和音乐家。

如果你的多巴胺能较高（作家、艺术家和音乐家往往属于这一群体），性生活最重要的一部分可能发生在前戏中。它是一种征服。但当一个想象中的欲望对象变成一个真实的人，当希望被占有取代时，多巴胺的作用就结束了。刺激随之消失，而性高潮还未开始就已结束。

最后，保守主义者（当下神经递质含量较高）比自由主义者（多巴胺含量较高）更快乐，这不出所料。盖洛普在2005年至2007年进行的一项民调显示，66%的共和党人对自己的生活非常满意，而民主党人的这一比例为53%。61%的共和党人认为自己很幸福，但只有不到一半的民主党人这么说。出于相似的原因，已婚的人比单身的人更快乐，去教堂的人比不去教堂的人更快乐。

不过，这个世界从来都没有这么简单。尽管婚姻满意度更高、性高潮更可靠、出轨率更低，但红州的夫妇比蓝州的夫妇更容易离婚，消费的色情作品也更多。尽管这些发现似乎违反直觉，但也可以解释为他们在文化上更重视宗教组织。红州的夫妇迫于压力要早点儿结婚，他们不太可能在结婚前同居或发生性行为。因此，红州夫妇在结婚前相互了解得较少，这可能会是日后让他们的婚姻不稳固的因素。同样，对婚前性行为的抑制可能导致人们更倾向于利用色情作品来获得性释放。

嬉皮士和福音派

　　更复杂的是，政党内部组成复杂，其包含的不同群体甚至有些观念是相互冲突的。在共和党人中，有一些拥护小政府的人认为，应该让个人做出自己的选择，不受法律法规的控制。但也有一些政治上活跃的福音派人士希望通过立法使国家变得更美好。一个以崇拜超验实体来定义自己，并强调正义和仁慈等抽象概念的群体，会以富有多巴胺能的方式对待生活，这并不奇怪。他们对持续的道德成长和来世的关注也揭示了他们对未来的关注。他们是右派中的改革论者。

　　左派中则有一些重视可持续发展的嬉皮士，他们常常对技术不满，更喜欢过一种比较原始的生活。他们喜欢当下的经历，而不是追求他们没有的东西。他们是左派中的保守主义者，反对改革的箭头，青睐保守的闭环。

　　这种复杂性提醒我们，在研究社会趋势时，要谨慎并保持开放的心态。政治和人格特质研究结果的颠倒表明，人们是可能接受原本错误的数据的。更糟糕的是，数据质量总是参差不齐，从对成千上万人的调查中收集到的信息包含的错误可能比从受严密监督的临床试验中得到的数据错误更多。调查还取决于受访者回答的真实性。保守党人可能比自由党人更不愿意承认婚姻不忠或生活不幸福，这会让综合社会调查结果出现偏差。

另一个问题是不同的科学研究可能会得出不一致的结论。一些关于政治思想的神经科学研究项目在研究了同样的问题后，可能会得出相反的结果。不过，这些数据总体上支持了一种倾向，即在多巴胺能更强的人群中，政治意识形态趋于改良，而在多巴胺水平较低和当下分子水平较高的人群中，政治意识形态趋于保守。

总的来说，可能是这样的：平均而言，自由主义者更具有前瞻性思维和创造力，他们理智、聪明，但不专一、不易知足。相比之下，保守主义者更倾向于情绪平和，他们可靠、沉稳、传统，不那么聪明，但更快乐。

可靠的非理性选民

尽管坚定的保守主义者和坚定的自由主义者倾向于直接投票给自己支持的党派，但其他人的意识形态则比较温和。他们作为独立选民可以接受不同的政见。影响这个群体的意见对于竞选成功来说是非常重要的，而神经科学可能为如何说服他们提供了启发。

神经科学影响人的选择的关键在于做决定和行动这一环节，也就是说，取决于欲望多巴胺和控制多巴胺回路的调节。我们在那里权衡选择，做出自认为最有利于我们未来的决定。不管是从超市的货架上抓一瓶洗涤剂，还是给一个政治候选人投票，看起来这应该都是控制多巴胺的领域，即提出"什么对我的长期未来最好"这个简单的问题。但是，要征服控制多巴胺，克服所有不可避免的反驳，一张车尾贴或 30 秒的电视广告是远远不够的。从实际角度来看，这类决定可能不值得做。理性决定是不可靠的，总是随着新证据的出现而随时可能被修改。非理性则更持久，欲望多巴胺和当下分子通路都可以被用来引导人们做出非理性的决定。最有效的工具是恐惧、欲望和同情。

恐惧可能是其中最有效的，这就是攻击性竞选广告，即把对方候选人描绘成危险人物的广告，如此受欢迎的原因。恐惧表达了我们最原始的担忧：我能活下去吗？我的孩子们会安全吗？我能保住给我提供生活费用的工作吗？激起恐惧是任何政治运动中不可或缺的一部分，而这一做法造成了美国人互相仇恨这个不幸的连带效应。

娱乐至死

1985 年，媒体学者尼尔·波兹曼（Neil Postman）在《娱乐至死》一书中提出，电视的兴起削弱了政治话语。他注意到，当时的电视新闻已具备许多娱乐的特点。他引用电视新闻播音员罗伯特·麦克尼尔（Robert MacNeil）的话说："核心思路，他写道，'是为了让每件事都尽量简短，不要过度消耗任何人的注意力，而是通过多样性、新颖性、行动和动作不断地提供刺激。这使得你……每次都有几秒钟的时间，不关注任何概念、任何个性或任何问题。"30 多年后，互联网上的新闻同样如此。甚至那些传统的严肃媒体也在主页上塞满了几十条简短而具有煽动性的标题。大多数头条新闻不是有思想性的长文，而是简短肤浅的视频。

波兹曼断言这个现象揭示了一个影响深远的问题，但他没有探讨为什么即使是在辩论国家必须解决的重要问题时，我们还是更喜欢娱乐而不是严肃的思考方式。30年过去了，问题依然存在。在通信技术几乎可能实现任何形式的情况下，为什么互联网新闻像电视新闻一样，朝着更简洁和更新颖的方向发展，而忽略了深入分析的重要性？世界大事不值得更多的关注吗？

答案来自欲望多巴胺。一篇短小而肤浅的文章更容易脱颖而出——它是突出的。它带来了多巴胺的快速释放并吸引我们的注意力。因此，我们会点击十几个挑逗性的标题，链接到小猫短视频，而略过关于医疗保健的长文。医疗保健的文章与我们的生活更为相关，但消化这篇文章要付出努力，可比不上多巴胺冲击带来的轻松愉悦。控制多巴胺可能会阻止这种倾向，但它总是被新奇之事、光鲜之物的潮流所吞没，而这些东西正是在互联网中流通的货币。

这种情况将会带来怎样的后果？想必不会带来长篇报道的复兴。随着高点击量报道在新闻环境中越来越普遍，它们必须变得更短、更浅显才能参与竞争。这样的循环何时结束？即使是文字也未必是信息交流的基石了。现在，大多数手机都提供了一些更快、更简单（更粗糙）的东西来代替输入的文本短语，以吸引眼球：表情符号。

波兹曼可能不知道这一切背后的神经科学原因，但他这样理解其影响："因此，我们迅速进入一个可被称为

'全民猜谜大挑战'①的信息环境，这个游戏使用事实作为娱乐的来源，而我们的新闻也是如此。一种文化可以在错误的信息和观点中生存，这已经得到多次证明。还没得到证明的是，如果一种文化要在 22 分钟内衡量世界，或者如果新闻的价值是由它提供的笑声数量决定的，这种文化能否生存下来。"

得而复失的伤害更大

除了挖掘原始需求之外，恐惧起作用的另一个原因是损失厌恶，这意味着损失的痛苦比获得的快乐更强烈。例如，失去 20 美元的痛苦大于赢得 20 美元的快乐。这就是为什么大多数人会拒绝数额巨大的投币赌注（硬币正面朝上会获得一大笔钱，反面朝上则会失去一大笔钱）。事实上，大多数人会拒绝下 20 美元赌注只有 30 美元回报的赌局。只有当回报金额是下注金额的两倍，也就是 40 美元时，大多数人才愿意下注。

数学家会说，当胜算为 50%，而且回报大于赌注时，赌博的净收益就是正的，你应该去赌。（需要注意的是，这只有在下注价格合理的情况下才有效。赌 20 美元是合理的，这就是一张电影票的钱，但要是把你要用来交房租的 200 美元拿去赌，就不理智了。）然而，大多数人会拒绝用 20 美元的赌注去赢 30 美元的机会。他们

---

① "全民猜谜大挑战"（Trivial Pursuit）是在欧美流行的一款桌游。玩家每次通过掷色子选择一个问题，如："奥运五环标志中间的那一环是什么颜色？"率先答对各类问题的玩家获胜。——编者注

为什么这么做？

科学家在下注实验中对参与者进行了脑部扫描，他们顺理成章地先观察了多巴胺。他们发现欲望回路中的神经活动在获胜后增加，在失败后则减少，这一如预期。但变化是不对称的，输钱后的下降幅度大于赢钱后的上升幅度。多巴胺回路反映了主观经验：损失效应大于收益效应。

控制这种不平衡的是什么神经通路？是什么放大了损失反应？研究人员将研究重心转移到杏仁核，这是一个与当下分子相关的结构，负责处理恐惧和其他负面情绪。每当参与者输掉一次赌注，他们的杏仁核就会兴奋起来，加剧痛苦的感觉。正是当下的情绪导致了对损失的厌恶。当下系统不关心未来，也不关心我们可能得到什么。它只关心我们现在拥有的东西，而当这些东西受到威胁时，就会产生恐惧和痛苦的体验。

其他研究也发现了类似的结果。在一个实验中，参与者被随机分配，一半的人得到了一个咖啡杯，另一半则没有。在分发杯子后，研究人员立即给了参与者一个进行内部交易的机会：用杯子换钱。研究人员让杯子的主人定一个他们能接受的价格，并让杯子的购买者定一个他们愿意支付的价格。杯子的主人平均要价 5.78 美元，而买杯子的人平均出价 2.21 美元。卖主们不愿放弃他们的杯子，买主不愿意花钱，买卖双方都不愿意放弃他们已经拥有的东西。

杏仁核在损失厌恶中的重要作用被"自然实验"所证实。自然实验其实就是一些能揭示重要科学知识的疾病或伤害。它们之所以引人注目，是因为通常它们代表的"实验"如果让科学家去做的话将是极不道德的。没有人会要求外科医生打开一个人的头，切除他的杏仁核，但偶尔这种情况会自己发生。在这个案例中，科学家研究了两个患有乌尔巴赫–维特病的患者，这是一种罕见的大脑两侧杏仁核遭到破坏的疾病。这些人下注时，他们对得失的体验是均等的。可见，没有了杏仁核，厌恶损失的情绪就消失了。

在某种程度上，损失厌恶就相当于一个简单的算术题。获得会带来一个更好的未来，所以只有多巴胺参与其中。可能有收益的未来从多巴胺中得到了+1。它从当下系统中得到 0，因为当下系统只关心现在。损失也与未来有关，因此有多巴胺的参与，并得到–1。损失也与当下系统有关，因为它影响到我们现在拥有的东西。所以当下系统给出了–1。把它们放在一起就是，收益等于+1，损失等于–2，这正是我们通过大脑扫描和赌注实验看到的结果。

恐惧和欲望一样，本质上是关于未来的一个概念，这是属于多巴胺的领域。但是，当下系统通过激活杏仁核加强了损失的痛苦，在我们要决定如何最好地管理风险时，促使我们的判断发生了变化。

追逐利益还是保持现状？

虽然损失厌恶是一种普遍现象，但其程度在群体之间也存在差异。总的来说，多巴胺能自由主义者更倾向于响应有利可图的信息，比如提供更多资源的机会；而当下保守主义者则更倾向于响应保证安全的信息，比如保护已有之物的能力。自由主义者总是支持会带来更美好未来的计划，如补贴教育、城市规划和政府资助的技术倡议。保守主义者则更喜欢维持他们目前生活方式的项目，比如国防开支、关于法律和秩序的倡议，以及对移民的限制。

自由主义者更关注利益，保守主义者更关注威胁，他们都有各自的理由，他们认为这些理由是经过深思熟虑权衡得出的合理结论。但那很可能不是真的，更可能的情况是他们的大脑连接方式存在根本性的差异。

内布拉斯加州大学的研究人员根据不同的政治立场挑选了一组志愿者，给他们看唤起欲望或痛苦的图片，同时测量他们被唤起的程度。唤起有时被用来描述性兴奋，但更广泛地说，它衡量的是一个人对周围发生的事情有多投入。当一个人感兴趣并投入某件事时，他的心跳会加快一点点，血压会升高一点点，汗腺会分泌出少量的汗液，医生称之为交感神经反应。测量这一反应最常用的方法是在人体上安装电极，并测量电流流动的容易程度。汗液是盐水，它比干燥的皮肤更能导电。一个人越兴奋，电流就越容易流动。

研究人员将电极连接到受试者身上后，给他们看了三张令人痛苦的照片（一只蜘蛛在一个男人的脸上、一个生蛆的伤口，以及一群人和一个男人打架）和三张积极的照片（一个快乐的孩子、一碗水果和一只可爱的兔子）。自由主义者对正面照片的反应更强，保守主义者对负面照片的反应更强。因为研究人员测量的是一种生理反应——出汗，所以这种反应不可能被参与者有意控制。研究测量的是一种比理性选择更基本的东西。

接下来，他们使用眼球跟踪装置来确定志愿者花了多少时间看同时展示的正面图片和负面图片的拼贴图。无论是自由主义者还是保守主义者，他们都花了更多时间去看负面图片。这一结果与普遍存在的损失厌恶现象是一致的。然而，保守主义者关注那些令人恐惧的画面的时间更长，而自由主义者对注意力的分配则更平均一些。两个小组都存在损失厌恶的情况，但保守主义者更为明显。

变得"保守"的方法

保守主义和威胁之间的关系是双向的。保守主义者比自由主义者更倾向于关注威胁。同时,不论是哪种政治倾向的人,他们在感受到威胁时都会变得更加保守。众所周知,恐怖袭击提高了保守党候选人的支持率。但即使是很小的威胁(小到我们甚至没有意识到它们是一种威胁),也会让人们更倾向于右派。

为了测试轻微的威胁和保守意识形态之间的关系,研究人员在一所大学校园里找到一群学生,让他们填写一份关于他们政治立场的调查。他们在一半的参与者旁边放了一瓶免洗洗手液,这是对感染风险的一种提醒;另一半则被带到另一个区域。研究发现,旁边有洗手液的一组参与者在道德、社会和财政方面的保守程度更高。同样的结果也发生在另一项研究的一组学生中,他们被要求坐在电脑前,并在回答调查问题之前使用杀菌洗手液。需要指出的是,美国大选一般在流感季节举行,而触摸屏投票机能够传播病菌。因此,你经常可以在投票点看到供选民使用的洗手液。

研究进化对人类行为影响的心理学家格伦·D. 威尔逊(Glenn D. Wilson)教授开玩笑说,在选举季节,厕所里张贴"员工必须洗手才能重返工作岗位"的标志就是在给共和党打广告。

道德判断的神经化学调节

药物也会影响人的政治立场。科学家通过给人们服用能促进当下神经递质血清素的药物,可以使人们的行为更倾向于保守派。在一个实验中,参与者服用了能提高 5–羟色胺(也就是血清素)

水平的药物西酞普兰，它通常被用于治疗抑郁症。[①]服用药物后，他们不再关注抽象的正义概念，而是更注重保护个人免受伤害。他们在"最后通牒博弈"中的表现证明了这一点。下面是具体过程。

最后通牒博弈中有两个玩家。一个玩家被称为提议者，他被给予一笔钱（例如 100 美元），并被告知要与另一个玩家分享，后者是响应者。提议者可以依据自己的意愿提出给响应者多少钱。如果响应者接受了提议者的提议，他们都能保留这笔钱。另一方面，如果响应者拒绝了提议，那么两个玩家都得不到任何东西。这是一个一次性的游戏，每个玩家只有一次机会。

一个完全理性的响应者会接受任何报价，甚至是 1 美元。如果他接受这个提议，他的经济状况会比以前更好。但如果他拒绝这个提议，他将一无所获。因此，拒绝任何出价，无论这个出价多么低，都对他的经济利益无益。但事实上，低报价会被拒绝，因为这违背了人们的公平竞争意识。低报价使我们想惩罚提议者，通过造成经济上的伤害给他一个教训。平均来说，当提议者提供的钱是总额的 30% 或更少时，响应者会倾向于惩罚他们。

30% 这个数字也不是一成不变的。不同的人在不同的条件下会做出不同的决定。剑桥大学和哈佛大学的研究人员发现，服用西酞普兰的受试者接受低报价的可能性会提高一倍。结合这些结果和其他道德判断和行为测试结果，研究人员得出结论，服用西酞普兰的受试者不愿意通过拒绝提议者的方式伤害他。但当研究者给参与者

---

① 仅仅一剂提高 5-羟色胺水平的抗抑郁药不足以影响情绪，通常需要连续几周每日服药才能看到效果。第一次给药就能使大脑中的 5-羟色胺水平升高，但经过几周的治疗，情况变得更加复杂。当抑郁症开始好转时，大脑已经适应了这种药物，以至于血清素系统在某些地方更活跃，而在其他地方则更少。没有人真正知道抗抑郁药是如何改善情绪的。

一种降低血清素水平的药物时，出现了相反的效果：他们更愿意造成伤害，以达到公平这个更大的目标。

研究人员得出结论，增加血清素的药物增强了伤害厌恶。增加血清素会使一个人的道德判断从一个抽象的目标（促进公平）转向尽量不给别人造成伤害（剥夺提议者的那部分钱）。回想之前讨论过的电车问题，合乎逻辑的做法是牺牲一人以拯救五人，而伤害厌恶的做法是拒绝为他人的利益去谋害任何一个人的生命。使用药物来影响这些决定被起了一个令人不安的名字，即"道德判断的神经化学调节"。

服用西酞普兰使人们更愿意原谅不公平的行为，同时不那么能容忍伤害他人的行为，这种态度与当下分子的主导地位相一致。研究人员将这种行为描述为"个体层面的亲社会行为"。"亲社会"这个术语的意思是愿意去帮助别人。拒绝不公平的提议被称为"团体层面的亲社会行为"。惩罚提供不公平待遇的人可以促进公平，使更大的群体受益，这更符合多巴胺能的方式。

他们该去该留？

我们看到，在有关移民问题的辩论中，以上这种个人/群体的差异比较明显。保守主义者倾向于关注较小的群体，比如个人、家庭和国家，而自由主义者则更倾向于关注更大的群体：由所有人组成的全球社区。保守主义者对个人权利感兴趣，其中有些人支持修建隔离墙以阻止非法移民入境。自由主义者则认为人与人的命运是相互交织在一起的，有些人支持彻底废除移民法。但是，当移民们实际露面了，当他们的存在从一个想法变成现实，从遥远而抽象的概念变成就在你家门口时，会发生什么呢？没有大规模的研究能回答这个问题，但是有证据表明，与制定政策的多巴胺能经验相比，直接接触的当下经验会产生不同的结果。

2012年，《纽约时报》报道了一个名为"不要占领斯普林斯"的组织，它兴起于非常自由主义且富有的汉普顿的中心地带。该组织主张打击那些违反当地住房法规，与非亲属关系的人一起挤在独户住宅里的移民。这个组织辩称，他们的新邻居给学校带来了过重的负担，并降低了房产价值。与此类似，达特茅斯学院的一项研究发现，与支持共和党的州相比，支持民主党的州的住房约束更多，并限制低收入移民。这些约束包括限制独户住宅容纳的家庭数量，以及通过分区限制来减少经济适用房的数量。

哈佛大学经济学家爱德华·格雷泽（Edward Glaeser）和宾夕法尼亚大学的约瑟夫·焦尔科（Joseph Gyourko）评估了分区对住房供给能力的影响。他们发现，在美国大部分地区，住房成本与建筑成本非常接近，但在加利福尼亚州和一些东海岸城市，住房成本明显高于建筑成本。他们指出，分区管理使得在这些地区建设新房的成本极高，比城区高出50%，否则这些地区将受到移民的青睐。

把贫困移民拒之门外让人想起了爱因斯坦的那句话："我对社会正义和社会责任充满热情，但我与其他人直接接触时却表现冷淡，这实在是一种奇怪的对比。"保守派似乎恰恰相反。他们想把非法移民排除在这个国家之外，以防止他们担心的事情发生，即他们的文化发生根本性转变。然而，伤害厌恶会促使他们愿意去照顾住在本国的人。

《美国思想家》杂志的一位保守派作家威廉·沙利文（William Sullivan）指出，在有关移民问题的辩论中，保守派的主要人物曾前往墨西哥边境，帮助教会组织提供救济，包括热饭和淡水，以及装有泰迪熊和足球的拖拉机拖车。有人称之为宣传噱头，但这与强调伤害厌恶的总体生活方式是一致的：保护现状，同时保护处于危险中的个人。

自由主义者和保守主义者以相反和互补的方式，都希望帮助贫困的移民。但同时，他们又都想让这些移民远离。

如何变得更"自由"

如果环境中的威胁会使人们变得更加保守，那么采取相反的行动是否有可能使人们变得更加倾向于自由主义呢？热姆·纳皮耶（Jaime Napier）博士是一位研究政治和宗教意识形态的专家，她发现答案是肯定的，并且不需要太多的刺激。正如研究人员能够通过在附近放置免洗洗手液来增加保守主义倾向一样，纳皮耶博士也能够通过简单的想象练习让人们变得更倾向于自由主义。她让保守主义者想象他们有不受伤的超能力。随后对政治意识形态的测试发现，他们变得更倾向于自由主义。减少脆弱感抑制了对失去的当下恐惧，打开了多巴胺这一促进改变的媒介，并在决定意识形态方面发挥出了更大的作用。

想象这一行为本身会有什么影响呢？想象是一种多巴胺能的活动，因为它涉及在物理上不存在的东西。仅仅通过想象力来激活多巴胺系统，就有助于政治信仰更偏向左派吗？另一项研究表明确实如此。

多巴胺系统的主要功能之一就是控制抽象思维。抽象思维使我们能够超越对事件的感官观察，构建一个解释事件为何发生的模型。依赖感官的描述聚焦于物理世界，即实际存在的事物。这种思维用专业术语来表述是"具象思维",它是一种当下分子的功能,科学家称之为"低级"思维。抽象思维被称为"高级"思维。一些科学家想知道,倾向于具象思维的人是否会更加敌视与自己不同的群体,即他们认为会威胁自己生活方式稳定性的群体,比如同性恋、穆斯林和无神论者。

研究人员给志愿者提供了对某个事件(比如按门铃)的两种描述。他们必须选择哪种描述更好,一种是具象的(按门铃就是动手指),另一种是抽象的(按门铃是看有没有人在家)。接下来,研究人员让他们根据对同性恋、穆斯林和无神论者的喜欢程度打分,发现选择具象描述的人打分较低。

研究的下一步是观察是否可以通过刺激参与者进行抽象思考来操纵这种感觉。他们选择了锻炼的主题,这个主题与对潜在威胁群体的接受程度完全无关。研究人员首先要求参与者思考保持身体健康的问题。然后一半参与者被要求描述他们将"如何做"(具象的),另一半被要求描述"为什么"保持身体健康很重要(抽象的)。描述如何做的一组态度没有影响,但是描述为什么的保守主义参与者对陌生群体的喜欢程度比之前提高了,提高后与自由主义者的态度已没有显著差异。

激活多巴胺通路可以让保守主义者向自由主义者的方向转变。但是,我们也可以用相似的方法控制回路来让保守主义者更保守。这种回路即当下分子回路,特别是能让我们感受到同理心的回路。这种方法利用典型的保守力量,使人们更容易接受对变革有威胁的人。

保守主义者虽然鼓吹将非法移民群体驱逐出境,但他们同时也为个人提供食物、水和玩具,这一现象看起来太矛盾了。当下的保守主义者可能对移民持敌对态度,但他们与生俱来的能力使其能够基于同理心与真实的移民建立起联系。这种能力甚至可以被称为一种无意识的冲动，好莱坞作家用它来增加人们对女同性恋、男同性恋、双性恋和跨性别者（LGBT）的接受度。他们一般是通过故事的力量做到的。

我们可以与故事中的人物建立情感关系。如果这个故事写得很好，我们对人物的感觉就可能和我们对真人的感觉非常相似。同性恋者反诽谤联盟指出："电视不仅反映了社会态度的变化，而且在促成这些变化方面也发挥了重要作用。事实一次又一次地证明，认识一个LGBT是改变人们对LGBT问题看法最重要的因素之一，但如果没有这一点，许多观众是通过电视人物来第一次了解LGBT的。"

根据同性恋者反诽谤联盟关于黄金时段电视节目多样性的年度报告，被认定为同性恋或双性恋的普通角色数量一直在稳步增长。在2015年进行的最新调查中，这一比例为4%，这与最近的一项盖洛普民调所显示的美国同性恋者比例3.8%差不多。电视台中比例最高的是福克斯广播公司，常规黄金时间中有6.5%的角色是LGBT。

这些虚构的人物对观众的态度有着实实在在的影响。《好莱坞记者》进行的一项民意调查发现，27%的受访者表示，包含LGBT角色的电视节目使他们更支持同性婚姻。研究人员把样本数据按照观众在2012年总统大选中的投票结果分类，发现13%的支持罗姆尼的选民表示，观看这些节目使他们更加支持同性婚姻。把抽象的群体转化为具象的个体是激活当下同理心回路的好方法。

一个由思想统治的国家

根据Ashleymadison.com，一个为寻找婚外情的已婚人士提供约会机会的网站数据显示，……华盛顿特区连续第三年荣登全美出轨率最高城市榜首……而最爱出轨的是哪个地区呢？国会山，政治家、职员和说客的集中地。

——《华盛顿邮报》，2015 年 5 月 20 日

政府的本质就是控制。人们可能会因被征服而被别人控制，也可能会自愿放弃一些自由来换取保护。不管怎样，一小部分人被赋予了对其他人行使权威的权力。这是一种多巴胺能的活动，因为政府是通过抽象的法律从远处管理人民的。由当下回路控制的暴力为法律树立威信，但大多数人并未经历过。他们服从于思想，而不是暴力。

由于政府的本性就是多巴胺能的，自由主义者往往比专注于当下的保守主义者更热衷于此。500 名自由主义者在街上游行，可能是在举行抗议活动。但如果是保守主义者的话，就更有可能是一场庆祝活动。除了热衷于参与政治进程之外，自由主义者也更倾向于攻读公共政策方面的高级学位，他们经常被吸引到新闻等每天都会参与政治进程的领域。相比之下，保守主义者更容易不信任政府，特别是距离较远的政府。保守派倾向于地方治理，权力在州或地方一级，而不是联邦一级。

距离很重要。回想电车问题，人在不带入情绪时，更容易使资源最大化。把一个人推上铁轨让火车停下来几乎是不可能的，从远处按开关更容易。同样，许多法律对某些人有利，但对其他人有害。你离得越远，就越容易为了获得最大的利益而容忍某种程度的伤害。距离使政治家们不受其决策的直接影响。当提高税收、削减经费，或派人去打仗时，就会有人工资降低、收益变少，或者无助地蜷缩在散兵坑里。但将他们置于此种境地的人却不会与他们一

起，这个人可能在华盛顿特区。这也使得当下回路没有机会触发让他们更难做出这些决定的痛苦情绪。

一定要"做点儿什么"的政客

除了距离，政府行为体现多巴胺能的另一种方式是它总要"做点儿什么"。没有一个政客在竞选时会承诺到了华盛顿以后什么也不做。政治是关于变化的，而变化是由多巴胺驱动的。每当悲剧降临，就会有人大喊：该做点儿什么了！因此，在恐怖袭击后，机场安检会变得更加严格。虽然有证据表明，旅行者必须忍受的这种漫长而羞辱性的仪式并不能真正提高安全性：测试该系统的美国运输安全管理局便衣特工总能携带武器通过，但不管怎样，"做点儿什么"的任务还是完成了。

根据Govtrack.us（跟踪美国国会立场状态的网站）上的消息，自1973年以来，联邦政府在每一届国会的两年任期内都会颁布200至800项法律。这个数量已经够多了，但与政客们试图通过的数量相比，仍是小巫见大巫。在每一届任期内，国会都会试图通过8 000至26 000项法律。当人们认为应该要做点儿什么的时候，政客们正好乐此不疲。

这种控制欲是不可避免的。华盛顿的一些人自称自由主义者，另一些人则自称保守主义者，但几乎所有参与政治的人都富含多巴胺能，否则他们就不可能当选。政治运动需要强烈的动力，他们得愿意牺牲一切来取得成功。长时间工作对家庭生活尤其有害，把与所爱之人的关系放在首位的当下分子主导的人在政治上是不会成功的。在英国，议员的离婚率是普通民众的两倍。在美国，国会议员通常住在华盛顿，而他们的家人则住在家乡。他们很少见到自己的配偶，而身边围绕的热衷于权力的年轻员工可以满足议员们多巴胺能的欲望。对一个政治家来说，人际关系不是为了享受，而是为了一个目的，这个目的可以是当选、通过一项法案，或者满足生理上的欲望。正如哈里·杜鲁门总统所说："如果你想在华盛顿交个朋友，就买条狗吧。"

不可避免的改变

只有富含多巴胺能的人才能当选，这会给保守主义者带来一些问题，因为让多巴胺能富足的政客代表当下分子主导的选民不一定有好的效果。近年来，保守主义者对所谓的建制派共和党人越来越失望，他们在竞选时承诺缩减政府规模，但最终却扩大了政府规模。茶党就是这种挫败感最明显的表现。这个保守派团体有着不同寻常的热情，但迄今为止，它还无法实现其减缓政府规模增长的目标。

增长可能永远不会停止，毕竟多巴胺的指令就是"更多"。改变可以代表进步，也可以代表对传统的丢弃，这取决于一个人的观点，但改变是不可避免的。只有当下回路能带来满足感，告诉我们已经到了尽头，是时候停下来了。内啡肽、内源性大麻素和其他当下神经递质告诉我们，我们的工作已经完成，现在是时候享受我们的劳动成果了。但是多巴胺会抑制这些化学物质，多巴胺从不休息。政治永不停歇，一天24小时，一周7天，只要停下来喘口气，或者说句"够了"，就会导致失败。

这并不是说政府机构越多就必然越不利。如果是为了公共利益而拓展权力，就可以对数百万人的生活产生积极影响。如果政府是仁慈而有效的，日益增长的中央集权就有助于维护弱者的权利，使穷人摆脱贫困。它可以保护工人和消费者免受强大企业的剥削。但是，如果政客们通过了有利于他们自己而不是选民的法律，如果腐败现象普遍存在，或者立法者根本不知道他们在做什么，自由和繁荣就会遭受损害。

从历史上看，扭转权力扩张的唯一途径是用革命形式的剧变取代渐进式的变化。19 世纪南卡罗来纳州参议员、副总统约翰·卡尔霍恩（John Calhoun）说获得自由比维护自由更容易，这展示了他对权力游戏参与者类型的理解，无论该参与者是反叛者还是暴君。叛军的多巴胺能富足，政客也是，两者的目标都是改变。

别再被愚弄了

归根结底，实现和谐的根本障碍是自由主义者的大脑不同于保守主义者的大脑，这使得他们很难相互理解。因为政治是一场对抗性的游戏，缺乏理解导致两方都把对方妖魔化。自由主义者认为，保守主义者希望把这个国家带回少数族群受到严重不公正待遇的时代。保守主义者认为，自由主义者希望通过压制性的法律控制他们生活的方方面面。

事实上，无论是哪一方，绝大多数人都想为美国人寻求最好的福祉。当然也有例外，毕竟哪儿都有坏人，而正是那些坏人博取了所有媒体的眼球。他们比好人更有趣，他们是有用的政治武器，但他们不能代表民主党或共和党。

大多数保守主义者只想独处，他们希望自由地根据自己的价值观做出决定。大多数自由主义者希望帮助人们过上更好的生活，他们的目标是让每个人都更健康、更安全、不受歧视。但是，政治领导人总是挑起两个团体间的敌意并从中获益，因为这样能加强其追随者们的忠诚度。不要忘了，自由主义者想要帮助人们变得更好，保守主义者想要让人们获得幸福，而政治家想要得到权力。

开始就是结束的地方。

——凯瑟琳·M. 瓦伦特，作家

第 6 章

×

进步

当仆人变成主人会发生什么？

多巴胺让早期人类得以生存，也确保了人类的灭绝。

走出非洲

大约 20 万年前，现代人类从非洲发端，大约 10 万年后开始散布到世界各地。这种迁徙对人类的生存至关重要，有遗传证据表明我们差点儿就没成功。与黑猩猩或大猩猩等其他灵长类物种相比，人类基因组的一个不寻常特征是人与人之间的变异要少得多。这种高度的遗传相似性表明，我们的祖先其实是一小群人。事实上，在我们进化史的早期，某些未知事件毁灭了大部分人类，使人口减少到不足 2 万人，濒临灭绝的风险。

那次濒临灭绝的事件说明了迁徙的重要性。当一个物种集中在一个很小的区域时，有很多情况可能会消灭整个种群。干旱、疾病和其他灾害都会导致灭绝。而分散在许多地区就像买了一份保险，某一个群体的毁灭不会导致整个种群完全灭绝。

根据现代人类遗传标记的出现和频率，科学家估计，大约 7.5 万年前，早期人类已经遍布亚洲。他们在 4.6 万年前到达澳大利亚，4.3 万年前到达欧洲。移民到北美的时间较晚，大约在 3 万到 1.4 万年前。今天，人类几乎占据了地球的每一个角落，但人类之所以散布到全球，并不是因为意识到了集中在一个小区域会威胁到整个物种的生存。

冒险基因

对小鼠的研究表明，促进多巴胺的药物也会增加探索性行为。服用这些药物的小鼠在笼子里走动的次数更多，进入陌生环境的胆子也更大。所以多巴胺也为早期人类走出非洲，走向世界提供了帮助吗？为了回答这个问题，加州大学的科学家们收集了 12 项研究数据，这些研究测量了世界不同地区多巴胺能基因出现的频率。

他们主要研究的是帮助身体制造 D4 多巴胺受体的基因（*DRD4*）。你可能还记得多巴胺受体是附着在脑细胞外部的蛋白质，它们的工作是等待多巴胺分子的出现并与之结合。这种结合会在细胞内触发一连串的化学反应，而这些反应能改变细胞的行为方式。

我们在研究追求新事物与政治意识形态之间的联系时，曾经遇到过这种基因。我们知道，基因的不同变种叫作等位基因。等位基因代表了基因编码的微小变异，这些变异赋予人们不同的特征。拥有长型 *DRD4* 基因（如 7R 等位基因）的人更容易冒险。他们喜欢追求新的体验，因为他们不大能容忍无聊。他们喜欢探索新的地方、想法、食物、毒品和性机会，他们是冒险家。全世界大约 1/5 的人有 7R 等位基因，但各地的差异很大。

多巴胺让你走得更远

研究人员从北美、南美、东亚、东南亚、非洲和欧洲最著名的迁徙路线上获得了基因数据。当他们分析数据时，一个清晰的模式出现了。离起源地还很近的人群，与迁徙得更远的人相比，拥有更少的长型*DRD4*等位基因。

他们评估了一条始于非洲，途经东亚，穿过白令海峡，到达北美，然后再到达南美的移民路线。这是一个漫长的过程，研究人员发现，经历了漫长征程的南美原住民中，长多巴胺等位基因的比例最高，达到69%。在迁徙较短距离并定居北美的人中，只有32%的人拥有长等位基因。中美洲原住民的比例介于它们之间，为42%。据估计，平均每迁移1 000英里，长等位基因的比例就会增加4.3个百分点。

确定了*DRD4*基因的7R等位基因与种群迁移的距离有关以后，下一个问题就是为什么。7R等位基因是如何在走得更远的人群中变得更加普遍的？一个显而易见的答案是多巴胺总是驱使人们追求更多。这使他们不安和不满，让他们渴望更好的东西。这些人因而离开了现有的社区，去探索未知的世界。但也有另一种解释。

优胜劣汰

部落远走他乡也可能是因为别的原因，而这些原因与寻找新奇事物无关。也许他们是因为冲突离开的，也许他们是为了猎杀迁徙中的动物。可能有许多原因都与多巴胺无关，但问题仍然存在：在这种情况下，为什么迁徙成员中的7R等位基因更多？答案是，也许7R等位基因并没有引发迁移，但一旦迁移开始，这一等位基因就会赋予携带者生存优势。

7R等位基因的一个优点是，它会让你不断探索新环境，以便寻找机会来使资源最大化。换句话说，它促进了对新事物的探索。例如，一个部落可能是从一个气候稳定、一年四季食物类型都相同的地理区域出发的。然而，迁移到一个新地点后，部落的成员可能经历了雨季和旱季，他们需要学习如何随着季节的变化寻找不同的食物来源。要做到这一点，需要不断冒险和试验。

还有证据表明，携带 7R 等位基因的人的学习速度更快，尤其是在得到正确答案时会触发奖赏。一般来说，7R 基因携带者对奖赏更为敏感，他们对输赢都有更强的反应。因此，当他们发现自己身处一个陌生的环境中，需要适应新的生活方式时，7R 基因携带者会更加努力地解决问题，因为他们成功或失败的体验都更加强烈。

另一个优点是 7R 等位基因与"对新应激源的低反应性"有关。变化是会带来压力的，不管是好的变化还是坏的变化。例如，没有什么事情比离婚更让人紧张，但结婚也很难。破产很有压力，但中奖也一样。坏的变化引起的压力可能比好的变化更大，但最重要的因素是变化的大小。变化越大，压力就越大。

压力不利于人体健康。事实上，压力是致命的。压力会增加患心脏病、睡眠质量降低、消化系统出问题和免疫系统受损的可能性。它也会引发抑郁，而抑郁会导致缺乏精力、丧失动力、绝望、轻生念头，甚至干脆放弃，所有这些都会影响生存。在我们的祖先中，对压力敏感的人在面对变化很大的环境时会难以从环境中获取资源。他们可能打猎不太成功，采集生产力较低，这使得他们很难争夺到配偶，有时他们甚至来不及生育后代就死去了。

不过，并不是每个人都会因为改变而感到压力。一份新的工作，一座新的城市，甚至一个全新的职业，会给多巴胺能性格的人带来兴奋和活力。他们在陌生的环境中如鱼得水。在史前时期，面对生活方式的巨大变化，他们更有可能从容应对。他们争夺配偶的能力强，结果他们的多巴胺能基因被遗传了下去。随着时间的推移，帮助人们轻松适应陌生环境的等位基因在人群中变得越来越普遍，而其他等位基因则变得越来越罕见。

当然，7R 等位基因携带者并不是对任何环境都能适应得很好。有多巴胺能人格的人可能善于应对新情况，但他们往往不善于处理人际关系。而这一点很重要，因为熟练的社交技能也提供了进化优势。不管一个人有多壮、多强、多聪明，他都无法与整个团队竞争。毕竟双拳难敌四手，好汉架不住人多。在这种情况下，当合作是第一需求的时候，多巴胺能人格就成了一种不利因素。

所以，一切都取决于环境。在熟悉的环境中，社会合作最为重要，高多巴胺能基因变得不那么常见，因为相对于多巴胺水平更为平衡的人，拥有这些基因的人的生存和求偶优势都偏弱。但是，当一个部落发现并进入未知世界时，赋予一个人更活跃的多巴胺系统的基因就成为一种优势，并且随着时间的推移变得越来越普遍。

哪个是对的？

我们由此得出了两个相互矛盾的理论：

1. 多巴胺能基因促使人们寻找新的机会。因此，这些基因更多地存在于从进化起源地迁移而来的人群中。

2. 他们也会基于其他因素寻找新的机会，但多巴胺能基因使一些人比另一些人获得更好的生存和生育机会。

到底哪一个是正确的？

这个问题就有点儿复杂了。一方面，如果多巴胺能基因让人们出发，也就是让他们开始寻找更好的生活，那么我们应该在离开非洲的每一个群体中都看到很多7R等位基因。无论他们是只历经了几代人，迁移到离他们的起源地很近的地方，还是历经很多代人迁移到了很远的地方。这是因为，如果需要大量的多巴胺才能出发，那么部落最终会定居在哪里并不重要。离开的人总是有很多多巴胺，留下的人则较少。

另一方面，如果人们开始迁移时不需要7R等位基因的触发，那么我们会看到携带7R等位基因的人数随迁徙距离的变化而逐渐变化。原因是：如果一个部落只迁移很短的距离，那就只有几代人会经历陌生的环境。一旦他们停止移动，未知领域就变得熟悉，7R等位基因就不再具有优势。一旦公平竞争，7R等位基因携带者就失去了比其多巴胺能较弱的邻居生育更多孩子的能力。这样一来，所有不同的等位基因就都被平均地传递给后代。

然而，不断前进的部落会一代又一代地经历陌生的环境。7R的生殖优势将继续下去，7R携带者将活得更长，生育更多的孩子。随着时间的推移，7R等位基因在这些长途迁移者中会变得越来越普遍。这就是我们看到的实际情况。种群迁移得越远，7R等位基因出现的频率就越高。虽然它并没有促成迁移者的出发，但它确实帮助他们在前进的过程中生存了下来。

早期与现代移民

当今横跨全球的迁移与我们史前祖先所经历的迁移是不同的。

移居国外一般是出于个人的决定，而不是部落的决定。尽管原因可能类似——都是为了寻找更好的机会，但*DRD4*多巴胺受体的7R等位基因似乎并没有起到作用。移民人口的7R等位基因比例与留在原籍国家的人差不多。尽管如此，多巴胺似乎还是以另一种方式参与其中。

在第4章中，我们讨论了多巴胺在创造性中起的作用，当时我们将创造性与精神分裂症进行了比较，精神分裂症作为一种精神疾病，其特征是欲望回路中的多巴胺过多。我们讨论了精神病性的妄想与高度创造性的想法，以及与普通的梦具有的共性。但精神分裂症并不是唯一一种由多巴胺过度活跃引起的疾病。双相情感障碍，有时被称为躁郁症，也含有多巴胺能的成分，而这种情况似乎与移民有关。

双相情感障碍：多巴胺过多的另一种表现

双相情感障碍中的双相又称两极（bipolar），是指两种极端的情绪。双相情感障碍患者会经历抑郁发作，即情绪异常低落，也会经历躁狂发作，即情绪过于高昂。后者与高水平的多巴胺有关，考虑到躁狂状态的症状，这一点儿也不奇怪。躁狂的表现有精力充沛、心情愉悦，从一个话题迅速跳到另一个话题，同时追求许多目标，丧失正常的生活能力，以及过度参与高风险、寻欢作乐的活动，如无节制的消费和无所顾忌的性行为。

许多双相情感障碍患者因这种疾病而丧失正常的生活能力，他们无法继续工作或维持健康的人际关系。也有一些人，在接受治疗，即在服用稳定情绪的药物后过上了正常的生活。还有一些人则过着不同寻常的生活。在世界范围内，约有2.4%的人患有双相情感障碍，但它在一些特定人群中更为常见。冰岛的研究人员发现，在舞蹈、表演、音乐和写作等创造性领域工作的人与没有从事创造性工作的人相比，患双相情感障碍的可能性高出25%。在另一项研究中，格拉斯哥大学的科学家跟踪了1 800多名8岁到20岁出头的人。他们发现，8岁时的智商分数越高，23岁或之前患双相情感障碍的风险就越大。与普通大脑相比，聪明的大脑患多巴胺能精神疾病的风险更大。

许多著名的有创造力的人都透露他们患有双相情感障碍。其中包括弗朗西斯·福特·科波拉、雷·戴维斯、帕蒂·杜克、凯莉·费雪、梅尔·吉布森、欧内斯特·海明威、艾比·霍夫曼、帕特里克·肯尼迪、阿达·洛夫莱斯、玛丽莲·梦露、希妮德·奥康纳、卢·里德、弗兰克·辛纳特拉、布兰妮·斯皮尔斯、特德·特纳、让–克劳德·范达默、弗吉尼亚·伍尔夫和凯瑟琳·泽塔–琼斯。我们也可以从历史文献中了解到，许多名人也被认为有双相情感障碍，包括狄更斯、南丁格尔、尼采和爱伦·坡。

你可以将这种非凡的大脑理解成类似于高性能跑车，它能够做出不可思议的事情，但很容易坏掉。多巴胺能激发智力、创造力，让人努力工作，但它也能使人们做出怪异的行为。

多巴胺过度活动并不是双相情感障碍的唯一问题，但它起着重要的作用。它不是由高活性 *DRD4* 受体等位基因引起的。科学家认为这是由多巴胺转运体引起的（图6–1）。

多巴胺转运体就像吸尘器，它可以限制多巴胺刺激周围细胞的时间。当一个能产生多巴胺的细胞被激活时，它会释放出它储存的多巴胺，后者与其他脑细胞的受体结合。之后，多巴胺转运体会将多巴胺吸回原来的细胞中，结束与受体的相互作用，以便后续再重复这一过程。这种转运体有时被称为"再摄取泵"，因为它将多巴胺重新泵入细胞。

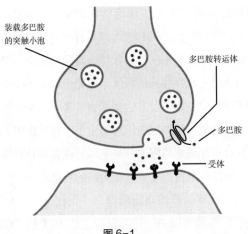

图6-1

当转运体不能正常工作时会发生什么？我们可以通过研究滥用可卡因的人的行为来回答这个问题。可卡因会阻滞多巴胺转运体，就像把袜子塞进吸尘器吸嘴一样。这种阻滞作用使多巴胺能够一次又一次地与其受体相互作用。当这种情况发生时，人们会感受到更多的能量，也会有更多目标导向的活动和更强的性冲动。人的自尊和兴奋感得到提升，喜欢从一个话题跳到另一个话题。可卡因中毒与躁狂症十分相似，有时医生都难以区分。

双相情感基因会推动移民吗？

我很快就明白了，你在移民的同时，也失去了曾经支撑你的拐杖；你必须从零开始，因为过去一笔勾销，没有人在乎你来自哪里，以前做过什么。

——伊莎贝尔·阿连德，作家

双相情感障碍并不是一种绝对化的状态。有些人症状较重，而另一些人症状则较轻，还有些人只是有双向情感倾向而已。后面这种人的性格中可以看到一些异常情绪高涨的迹象，但也不至于糟糕到被诊断为患有医学疾病的程度。这完全取决于一个人从父母那里继承了多少风险基因，以及这些基因带来了多少隐患。遗传风险会与一个人的环境（例如充满压力的童年）相互作用，最终的结果是这个人具有双相情感障碍的一些表现，或者是只有一些双相情感障碍特征，但没有严重到导致实际疾病的程度。

多巴胺转运体的轻微功能障碍——仅仅是一些危险基因，或者只有轻微作用的基因——是否可能会让人产生对流浪的渴望？它会在决定离开家乡到国外去寻找新的机会时起到作用吗？背井离乡并不容易，它意味着要告别亲朋好友，离开熟悉而舒适并能给予自己帮助的社区。19 世纪从苏格兰移民到美国的安德鲁·卡内基（Andrew Carnegie）刚到美国时在一家工厂工作，每天只挣几分钱，但他后来成为世界上最富有的人。他写道："心满意足的人不会勇敢地面对汹涌的大西洋，只会无助地坐在家里。"

如果说双相情感基因促进了移民，这些雄心勃勃的人会携带他们的风险基因到达新的国家，那么在有大量移民的国家应该就能发现更大比例的双相情感基因。美国几乎全是移民及其后裔，这里的双相情感障碍患病率也最高，为 4.4%，是世界其他地区的两倍。两者有关系吗？

在几乎没有移民的日本，双相情感障碍患病率为 0.7%，是世界上最低的国家之一。在美国，患有双相情感障碍的人开始出现症状时的年龄也较小，这标志着相应的症状也更严重。美国大约 2/3 的患者在 20 岁前出现症状，而欧洲这个比例只有 1/4。这与美国基因库中高危基因更为集中的观点相符。

这些高危基因中的一个会告诉身体如何制造多巴胺转运体，但还有许多其他基因。没有人确切知道有多少，但很显然，肯定是某种形式的遗传在发挥作用。如果父母患有双相情感障碍，那么孩子患这种病的概率至少是普通人群的两倍。一些研究发现，这种风险可高达 10 倍。但有些孩子很幸运，他们得到了双相情感障碍患者的优势，而没有得到疾病本身。

如前所述，双相情感障碍没有明确的界限。心境障碍专家认为双相情感倾向有一整个谱系。其中一端是 I 型双相情感障碍，患有这种疾病的人会经历严重的躁狂和抑郁阶段。接下来是 II 型双相情感障碍，患有这种病的患者会经历严重的抑郁，但情绪不会特别高涨，只会出现轻躁狂（顾名思义，是轻度的躁狂症）。再往下是循环性精神失调，其特征是周期性的轻躁狂和轻度抑郁发作。然后是性情亢进（hyperthymic temperament），其中 thymic 源自希腊语中的 thymia 一词，意思是精神状态。

性情亢进不算是一种疾病。它不会发生在患有双相情感障碍的人身上。性情亢进的人只是性格有些"亢进"，而且他们会一直保持这种性格。据在这一领域做了大量开创性工作的哈戈普·阿基斯卡尔（Hagop Akiskal）说，性情亢进的人思想积极，甚至过于乐观，活泼而幽默，过于自信甚至自大，且充满活力，总有各种计划。他们兴趣广泛、多管闲事、无拘无束、敢于冒险，而且通常不喜欢睡觉。他们会对生活中的新变化，如饮食计划、浪漫伴侣、商业机会，甚至宗教，表现得过于热情，但很快便失去兴趣。他们经常会取得很大的成就，但又很难相处。

双相情感谱系的最后一个阶段属于遗传风险非常有限的人。这些人没有任何异常症状，但他们确实动力和创造力较强，有大胆行动和冒险的倾向，也会有其他反映多巴胺活动水平高于平均水平的特征。

性情亢进的国家

我们发现双相情感基因和双相情感障碍在美国出现的频率相对较高。那些非病理性的症状呢？有没有证据表明这些情况也很普遍？事实上，这样的证据不一而足，甚至可以追溯到美国建国初年。

美国文化最早的观察者之一是法国外交官、政治学家、历史学家亚历克西·德·托克维尔。托克维尔在《论美国的民主》一书中描述了他对 19 世纪美国人的性格的观察。他之所以研究这个新国家，是因为他相信民主很可能会取代欧洲的贵族制度。他认为，研究美国民主的影响将有助于欧洲人探索和应对新的政府形式。

托克维尔观察到的许多事情都可以归因于平等主义者提出的民主原则。但他也描述了美国人的一些看似与政治哲学无关的特点。其中一些特征与双相情感障碍的症状，或至少是与多巴胺能人格的特征惊人地相似。例如，他用一章的篇幅讲述了"一些美国人的热情"。他写道：

> 尽管所有美国人都拥有获得这个世界上的美好事物的热情，但当他们的灵魂突然挣脱了物质束缚而飞向天堂时，某些瞬间的爆发就发生了。

在这一句话中，我们看到了对更多事物的热情追求，以及对超越物质感官领域的事物的追逐，甚至是对向上的个体外空间（"天堂"）的指涉。托克维尔发现，这种行为在"一半人口居住的遥远西部乡村"尤其普遍。这与居住在西部各州的探险先驱更可能具有的喜欢冒险、追求轰动的个性相符，可能是由高多巴胺能状态的基因承载的。

随后的一章题为"美国人不安于眼前繁荣的原因",进一步深入探讨了永不满足的多巴胺能主题。托克维尔指出,尽管生活在"世界上最幸福的环境中",美国人仍以"狂热的激情"追求更好的生活。他写道:

> 在美国,一个人会为了安度晚年建造一座房子,但他会在还没完工的时候就把房子卖掉;他会种一片花园,当树木刚开始生长时就把它租出去;他会开垦一块地,但让其他人来收割庄稼;他会热情投入一个职业,然后又放弃它;他会定居在一个地方,但很快就离开,带着他变化不定的行李搬到别处去。如果他的私事不多,他就会立刻参与政治活动;如果在一年不停的劳动结束后,他有了几天假期,他热切的好奇心就会在美国的广大地区盘旋,他将在几天内走 1 500 英里,以摆脱他的幸福。

在托克维尔笔下,这是一个性情亢进的国家。

发明家、企业家和诺贝尔奖获得者

作为一个移民国家,美国已经取得了惊人的多巴胺能成就。根据乔治·梅森大学移民研究所发表的一份研究简报,1901 年至 2013 年间,美国人收获了 42% 的诺贝尔奖,是世界上诺奖得主最多的国家。此外,美国诺贝尔奖获得者中有很高的比例是移民。这些移民中来自加拿大的最多(占 13%),其次是德国(11%)和英国（11%）。

　　如今的美国继续吸引着来自世界各地的移民，其中的杰出人才一直维持着相当高的比例。新经济①中一些最重要的公司是由移民创办的，包括谷歌、英特尔、贝宝、易趣和色拉布（Snapchat）。截至2005年，硅谷52%的初创企业都是由移民创办的，鉴于移民只占美国人口的13%，这一数字是相当可观的。为美国提供最多科技企业家的国家是印度。

　　在《杰出的人：移民如何塑造我们的世界并定义我们的未来》一书中，作者报告说，2006年，在美国政府提交的所有国际专利申请中，发明人或共同发明人中有40%是居住在美国的外国人。主要技术公司的专利也主要是由移民申请的，思科的60%、通用电气的64%、默克的65%，以及高通的72%专利都是由移民申请的。

　　移民做的事情远不止创办科技公司。从美甲沙龙、餐馆、干洗店到美国发展最快的公司，在美国所有新的企业中，移民开创了1/4，其人均创业人数是其他美国人的两倍左右。从更广泛的角度来看，我们兜了一圈，又找到了与多巴胺的直接联系。

　　华威商学院创业与创新企业研究中心的尼科斯·尼科拉乌（Nicos Nicolaou）领导的一组研究人员在英国招募了1 335人，要求他们填写一份创业调查问卷，并提供一份血液样本用于DNA的提取。志愿者的平均年龄为55岁，其中83%是女性。尼科拉乌发现了一个多巴胺基因，它有两种形式（等位基因），除了一个基本单元外，其他都是相同的。换句话说，这两个等位基因只有一个核酸不同，而正是这个核酸的不同使得其中一种形式比另一种更活跃，拥有更活跃形式的人创业的可能性是其他人的近两倍。

———————————————

① 新经济指建立在网络交易和高科技上的后工业化的世界经济。——编者注

值得注意的是，受到多巴胺能移民影响的不仅仅是美国。由巴布森学院和伦敦经济学院赞助的一个正在进行的项目"全球创业精神监测"发现，人均新公司创立量最高的 4 个国家是美国、加拿大、以色列和澳大利亚，其中 3 个（美国、加拿大和澳大利亚）的移民人口位列世界移民人口的前 9 位，而以色列本就是移民建立的国家。

世界上高多巴胺能人群的数量是有限的，所以一个国家有得，另一个国家必有失。许多美国移民来自欧洲，这些移民增加了美国的多巴胺能基因库，所以欧洲的剩余人口更有可能采取注重当下的生活方式。①

皮尤研究中心为了解美国人和欧洲人之间的更多差异进行了一项调查，在一份名为《美国与西欧价值观差距》的报告中公布了他们的调查结果。虽然价值观受到遗传学之外许多因素的影响，但他们提出的一些问题与多巴胺能人格密切相关。例如，他们问："人生成功与否，是由我们无法控制的力量决定的吗？"在德国有72% 的人同意这个说法，在法国为 57%，在英国为 41%。不过，只有略多于 1/3 的美国受访者表示，主导成功的是外部因素，而大多数人则持更为多巴胺能的观点。

多巴胺能的差异也体现在其他问题上。美国人更可能赞成使用军事力量，即为了实现国家目标而强加改变。他们可能认为没有必要获得联合国的许可。他们也更重视宗教在人一生中的作用，50% 的人认为宗教非常重要。欧洲只有不到一半的人这么认为，在

---

① 在第 5 章中，我们说代表变革的美国自由派比保守派更倾向于多巴胺能的方式，保守派更倾向于维持现状。在欧洲则相反，自由政府通常代表现状，而右翼政党则主张彻底变革。

西班牙为 22%，在德国为 21%，在英国为 17%，在法国为 13%。

美国和其他移民社会可能拥有最多的多巴胺能基因，但无论一个人的基因是否支持，多巴胺能的生活方式已经成为现代文化的一个组成部分。当今世界的特点是充满源源不断流动的信息、新产品和广告，每个人都迫切地需要更多。多巴胺现在与我们生命中最重要的部分联系在了一起，多巴胺已经占据了我们的灵魂。

我就是多巴胺

产生多巴胺的细胞占大脑的 0.000 5%，这只是我们用来探索世界的细胞的一小部分。然而，当我们从最深层的意义上思考我们是谁时，这一小群细胞便出现在我们眼前。我们认同我们的多巴胺。在我们心中，我们就是多巴胺。

如果你去问哲学家人类的本质是什么，他可能会说是自由意志。人性的本质是超越本能，超越对环境的自动反应的能力。这种能力让我们能够权衡选择，去考虑价值观和原则等更高级的概念，以及就如何最大化我们所认为的美好之物——无论是爱、金钱还是高尚的灵魂——做出深思熟虑的选择。这就是多巴胺。

学者可能会说她的本质是理解世界的能力。这是她超越物质感官信息流，去理解她所感知到的意义的能力。她评估、判断，并做出预测，她给出自己的理解。这就是多巴胺。

享乐主义者相信最深处的自我能使他体验到快乐。无论是葡萄酒、女人还是歌曲，他的人生目标就是在追求更多的同时得到更多的回报。这就是多巴胺。

艺术家说自己的人性本质是创造力。正是那神一般的力量创造了从未存在过的真与美。人的存在正是创造之源。这就是多巴胺。

最后，注重精神的人可能会说某种超然的存在是人性的根源。它是高于物理现实的东西，决定人的本质的最重要的因素正是我们不朽的灵魂，它存在于空间和时间之外。因为我们看不见、听不见、闻不到、尝不到也摸不到我们的灵魂，它们只存在于我们的想象中。这就是多巴胺。

无意识的挠头

然而，大脑中超过 99.999% 的部分是由不产生多巴胺的细胞组成的。这些细胞负责我们意识之外的功能，比如呼吸、保持激素系统的平衡，以及协调肌肉以让我们进行看似简单的动作。想一想挠头这个动作。首先你的多巴胺回路判定挠头是个好主意，是通向"无痒未来"的最佳途径。多巴胺细胞发出了这样的信号，但多巴胺和意识的参与就到此为止了。

多巴胺是指挥，而不是一整个管弦乐队。

从某种意义上来说，多巴胺能的命令（"去做这件事"）是最简单的部分。接下来的事情变得十分复杂，你很难想象我们是如何做到的。

抬起手臂来抓挠你的头需要协调手指、手腕、手臂、肩膀、背部、颈部和腹部的几十块肌肉。如果你在挠头的时候是站着的，甚至你的腿也会参与协调的过程。向上移动手臂会改变重心，因此你需要调整平衡的姿势。这个动作很复杂。你的每个关节都由互相对抗、用力相反的肌肉（类似于大脑中相反的回路）组成，因此关节可以被高度精确地控制。关节一侧的肌肉需要以特定且不断变化的力量收缩，而另一侧的肌肉则必须以不断变化的方式放松。肌肉是由很多根独立的纤维构成的，光是你的二头肌中就有 25 万根。肌肉收缩的强度取决于这些纤维被激活的百分比，因此每个纤维都需要单独控制。为了挠头，你的大脑必须控制你全身数百万条肌肉纤维。大脑必须确保它们彼此协调，并在运动过程中动态地调整收缩的相对强度。这需要很大的脑力，可能比你知道的还要多。这一切不是由多巴胺控制的，但依旧是你的一部分。

我们每天的大部分工作都是在无意识中进行的。我们走出门去上班，几乎不需要施加多少刻意的想法。我们开车，养活自己，时而眉开眼笑，时而垂头丧气，还会在不过脑子的情况下做成千上万件其他事情。我们做的太多事都绕过了大脑中权衡选择和做出选择的部分，以至于有人认为那些无意识行为，那些非多巴胺能的活动，才真正代表我们。

不在状态

我们认识和爱的人都具有独一无二的性格，其中一些特征来自多巴胺的活性。我们可能会说"他总是在你需要他的时候出现"，但通常一个人的无意识、非多巴胺能的行为对我们来说更为珍贵。我们可能会说："她总是很快乐，不管我感觉多么糟糕，她都能让我高兴起来。""我喜欢他笑的方式。""她的幽默感很特别。""看他走路那个样就知道是他。"

当我们挠头的时候，肌肉纤维的各自收缩让我们的手臂举到了头上，这件小事似乎与我们存在的本质没有特别的关系，但是我们的朋友可能不同意。我们每个人都有独特的行动方式。我们通常不知道自己的这些习惯，但其他人能看到。我们常常根据朋友们的走路姿势从很远就认出他们，即使我们看不见他们的脸。我们的走路姿势是定义我们的一部分内容。

我们说"她今天不在状态"是什么意思？她可能病了，可能因为失望而心情沉重，也可能因为昨晚没睡而十分疲惫。不管原因是什么，我们的朋友都不是有意表现得不一样的。一般来说，这意味着她行为中不受意识控制的方面与往常不同。当我们想到"她本人的状态"，或者关于"她是谁"这一问题的本质时，我们指的就是这些方面。我们可能认为我们的灵魂存在于多巴胺回路中，但我们的朋友不这么想。

当我们把我们的本质和多巴胺回路联系起来时，我们还忽略了一些其他的东西。我们忽视了情绪和同理心，以及与我们关心的人在一起的快乐。如果我们忽视自己的情绪，与之失去联系，情绪会逐渐变得不那么懂事，并可能演变成愤怒、贪婪和怨恨。如果我们忽视了同理心，我们就失去了让别人感到快乐的能力。如果我们忽视了婚姻关系，我们很可能会失去获得快乐的能力，甚至可能早逝。哈佛大学一项已经进行了 74 年的研究发现，社交孤立（即使在没有孤独感的情况下）会导致 50% 到 90% 的早逝风险。这个比例和吸烟差不多，比肥胖或缺乏锻炼还要高。哪怕只是为了能活下去，我们的大脑也需要亲和关系。

我们也失去了周围感官世界的乐趣。我们不去欣赏花朵的美丽，只去想象它在厨房桌子上的花瓶里会是什么样子。我们不去闻早晨的空气、抬头看看天空，而是弯下脖子，在智能手机上查询天气，对周围的世界视而不见。

用多巴胺回路来定义自我，会让我们陷入一个充满猜测和可能性的世界。此时此地的有形世界被鄙视和忽视，甚至让我们感到畏惧，因为我们无法控制它。我们只能控制未来，而放弃控制是多巴胺能生物不喜欢做的事。但这些都不是真实的，即使一秒钟后的未来也是虚幻的。只有现在的赤裸裸的事实才是真实的，事实必须被完全接受，事实必须秋毫无犯，而不能为适应我们的需要做任何修改。这就是现实世界。未来——多巴胺能生物生活的地方，是一个幽灵的世界。

我们的幻想世界可以成为自我陶醉的天堂，在那里我们无比强大、身姿美丽、被人崇拜。或者，它们也在我们的完全控制之下，就像数字艺术家控制屏幕上的每个像素一样。当我们漫不经心地穿过现实世界，睁一只眼闭一只眼，只关心对我们有用的东西时，我们是牺牲了现实的深海，以换取我们永不止息却浅薄的欲望的急流。最终，它可能会将我们毁灭。

多巴胺会毁灭人类吗？

当人类的生活极度匮乏、濒临灭绝的边缘时，对"更多"的追求使我们得以生存。多巴胺是进步的引擎，它帮助我们的祖先脱离了勉强维持生活的生存状态。它给予了我们创造工具、发明抽象科学，并规划遥远的未来的能力，使我们成为地球上的优势物种。我们已经掌控了我们的世界并发展了尖端技术，在这样一个富足的环境中，在这个"更多"已不再是生存问题的时代，多巴胺还在继续推动我们前进，而前方迎接我们的可能将是毁灭。

作为一个物种，我们的大脑比最初发育时更加强大。当我们的大脑最初被进化出来的时候，我们能否生存下来还是未知数。这在现代社会早就不再是什么问题，但大脑的进化跟不上技术的发展，我们被古老的大脑困住了。

我们人类可能都撑不到五六代以后了。我们太善于满足我们的多巴胺能欲望，但不是所有形式的"更多"、"新潮"和"与众不同"都对个人有好处，对一个物种也是如此。多巴胺不会停止，它驱使我们永远前进，直到跌进深渊。在下文中，我们将研究最坏的情况。我们这种多巴胺能驱动的聪明才智或许能帮助我们找到一条安全的途径，穿越人类不断加速发展的暗礁和浅滩。但我们也可能会失败。

按下按钮

核武器末日是多巴胺毁灭人类最明显的方式。高多巴胺能的科学家为高多巴胺能的统治者制造了末日武器。科学家无法阻止自己制造出更加致命的武器，独裁者也无法阻止自己对权力的贪欲。随着时间的推移，越来越多的国家正在获得制造核武器的能力，有一天一些人的多巴胺回路可能会得出结论：最大限度地利用未来资源的方法就是按下按钮。我们都希望，而且许多人也相信，在毁灭自己之前，人类将找到一种超越我们原始的征服动力的方法，比如通过联合国等国际合作组织。

但要发生这种情况，就需要一些非常强大的力量来实现，而重写我们的大脑则极其艰难。

毁灭地球

另一个容易想象到的世界末日场景是多巴胺驱使我们消耗越

来越多的资源，直到我们毁灭地球。工业活动加速的气候变化是世界各国的一个主要关注点，各国政府担心气候变化会带来毁灭性后果，包括干旱、洪水和对日益减少的资源的激烈竞争。超过一半的温室气体是人们燃烧化石燃料来制造水泥、钢铁、塑料和化学品的过程中产生的。随着越来越多的国家摆脱贫困，对这些材料的需求也在增加。每个人都想要"更多"，而对于许多国家来说，"更多"不是追求奢侈，而是脱离极度贫困。

为联合国气候大会提供科学评估的政府间气候变化专门委员会（IPCC）称，任何应对措施都必须涉及根本性的社会变化。全球经济增长将放缓。人们需要消耗更少的热量、少用空调、少用热水、少开车、少坐飞机、少消费。换句话说，由多巴胺驱动的行为要被彻底抑制，更好、更快、更便宜、更多的时代将不得不结束。

这在人类历史上从未发生过，至少不是我们主动选择的。只有突破性的技术才能使我们继续保持目前的消费增长速度，同时减少温室气体的产生。

新的硅霸主

比人类聪明的计算机将从根本上改变世界。计算机的速度越来越快，功能也越来越强大，这都要归功于我们由多巴胺驱动的能力——利用抽象概念创造新技术的能力。一旦计算机变得足够聪明，能够自我建造和改进，它们的进步将大大加快。到那时候，没人知道会发生什么，而这一天的到来可能会比我们想象的要快。世界领先的未来学家雷·库兹韦尔（Ray Kurzweil）认为，我们最早将在 2029 年拥有超级智能的计算机。

使用传统技术编程的计算机是完全可预测的。从计算开始到结束，它们都遵循一套明确的指示。然而，人工智能的新进展产生了不可预测的结果。不是程序员决定计算机如何工作，而是计算机根据自己在实现目标方面的成功程度来调整自己，优化自身的程序以解决问题。这就是"进化计算"。通往成功的电路被加强，而导致失败的电路被削弱。随着这个过程的进行，计算机在给定的任务（如识别人脸）上变得越来越好。但没人知道它是怎么做到的。随着时间的推移，它不断进行调整，电路变得极其复杂，以至于让人无法理解。

因此，没有人确切地知道一台超级智能计算机能做什么。有一天，给自己的电路编程的人工智能可能会得出这样的结论：消灭人类是实现其目标的最佳途径。科学家们可以尝试编写程序来设计安全措施，但是由于程序的发展超出了程序员的控制范围，所以什么样的安全措施足够强大，使人类能够在"优化"过程中生存下来还不得而知。一种选择是直接停止用人工智能制造计算机。然而，这将削弱我们追求更多的能力，因此我们可以排除这种可能性。不管多巴胺对我们有没有好处，它都会推动科学向前发展。不过，我们也可能会幸运地避免最坏的结局。我们可能会找到一种方法来确保人工智能以道德的方式运行。该领域的许多专家认为，这应该是计算机科学家的首要任务。

家庭的牺牲

多巴胺驱动的技术进步使我们更容易满足自己的需求和欲望。超市的货架上堆满了不断变化的"新"产品和"升级版"产品。飞机、火车和汽车能带我们去任何我们想去的地方，比以往任何时候都更便宜、更快捷。互联网为我们提供了几乎无限的娱乐选择，而且每年都有很多很酷的产品被推向市场，媒体每天都在告诉我们最新的花钱方式。

多巴胺使我们的生活节奏越来越快，这就要求我们的教育也要跟得上。以前受过大学教育就能做的工作，如今需要研究生学位才能做了。我们的工作时间更长，还有更多的备忘录要读，报告要写，电子邮件要回复。一切都在不停地运转。领导、同事、客户默认我们从白天到黑夜都一直有空。当工作中有人需要我们时，我们必须立即做出回应。广告上一个微笑的男人在沙滩上回复短信，或者一个女人在酒店游泳池旁检查她的手机屏幕，点击她空荡荡的房子里的监控视频。"真是松了一口气！"15分钟前她最后一次检查，一切安好，仿佛一切都在她的控制之下。

有这么多的娱乐方式，要接受这么多年的教育，花这么长的时间工作，必须付出一些代价，那就是家庭。据美国人口普查局统计，1976至2012年间，美国无子女妇女的数量几乎翻了一倍。《纽约时报》报道说，2015年举行了第一届非妈妈峰会，这是一次无子女妇女的全球聚会，有些人没有子女是她们自己的选择，有些是环境造成的。

在发达国家，人们几乎对生孩子失去了兴趣。抚养孩子要花很多钱。根据美国农业部的统计，将一个孩子抚养到18岁需要花费24.5万美元。4年的大学学费加上食宿费还需要16万美元。大学毕业后还有研究生院，也许孩子们还会搬回家住。把所有这些花费加起来，可能够你买一幢度假别墅或每年出国旅行，更不用说去餐馆、看戏剧和穿名牌服装了。一位打算不生孩子的新婚夫妇简洁地说："我们需要更多的钱。"

着眼于未来的多巴胺让人不再生孩子，因为生活在发达国家的人在年老时不依赖孩子来抚养他们。政府资助的退休计划可以解决这个问题。这就释放了多巴胺，使其可以转移到其他领域，如电视机、汽车和改建的厨房。

最终的结果是人口骤减。世界上大约一半的人生活在生育率低于更替生育率的国家。更替生育率是指为了防止人口下降，平均而言，每对夫妇必须生育的孩子数量。在发达国家，为了更替父母，平均每个妇女需要生育2.1人，多出来的0.1是为了弥补早死的人带来的损失。在一些发展中国家，由于婴儿死亡率高，更替生育率高达3.4。世界平均水平是2.3。

所有欧洲国家以及澳大利亚、加拿大、日本、韩国和新西兰都已到了生育率低于更替生育率的状态。美国的人口增长率较为稳定，主要原因是发展中国家的移民涌入，他们还没有失去延续人类种族的习惯。但即使在发展中国家，出生率也在下降。巴西、中国、哥斯达黎加、伊朗、黎巴嫩、新加坡、泰国、突尼斯和越南都已到了生育率低于更替生育率的状态。

各国政府正在尽其所能防止本国成为鬼城。在叙利亚难民危机期间，德国开放边境接收难民。丹麦为了应对婴儿危机，制作了一则广告，展示一位穿着黑色睡衣的性感模特，鼓励观众"为丹麦做这件事"。新加坡的出生率只有0.78，它与薄荷糖公司曼妥思达成协议，推广一首题为《国庆之夜》的国庆歌曲，让情侣们"爱国情爆发"。在韩国，夫妻生一个以上的孩子可以获得现金和奖品，在俄罗斯则有机会赢得一台冰箱。

什么都不做，什么都体验

最后，虚拟现实（VR）也可能会加速人类的衰落（甚至加速末日的到来）。VR已经创造了令人无法抗拒的体验，参与者可以身处美丽而令人兴奋的地方，立即成为宇宙的英雄。

VR可以产生图像和声音，其他感官模式也很快就会上线。例如，新加坡的研究人员开发了一种叫作"数字味觉模拟器"的装置，它是一种带有电极的装置，可以将电流和热量传递到舌头上。通过用不同强度和大小的电和热刺激舌头，就有可能诱使舌头体验到咸、酸和苦的味道。其他小组也成功地模拟了甜味。一旦科学家掌握了所有的基本口味，他们就能够以不同的比例将这些基本口味进行组合，让舌头品尝到几乎任何食物的感觉。由于我们所感知的味觉很大程度上其实是嗅觉，所以还有一种装置，其特色是具有一种模拟气味的芳香扩散器。发明者称之为"骨传导转换器"，称它可以"模拟通过软组织和骨骼从食客的嘴传到耳鼓的咀嚼声。"

触觉是最后的前沿，因为这意味着VR制造商将可以模拟性体验，而色情是商家采用新媒体（如VCR、DVD和高速互联网）的主要驱动力。当不断变化的幻想可以轻易被实现的时候，为什么还要自找麻烦，去和一个有各种各样需求、一成不变且不完美的伴侣做爱呢？色情作品进入触觉领域后，将变得更容易上瘾。最近，一些可以提供生殖器刺激的设备进入市场，并与色情VR同步，这实质上是电脑操控的性玩具。这里面涉及了巨大的利润。2016年，性玩具市场规模为150亿美元，预计到2020年将超过500亿美元。

很快我们就能给电脑产生的体验打分，以此来告诉它我们喜欢什么，就像给音乐和书籍打分一样。计算机将变得如此善于满足我们的愿望，以至于没有人能够与之竞争。下一步将是能让我们用所有的感官体验虚拟性生活，而不会带来生殖这种不便的紧身衣，毕竟人们已经不愿意生孩子了。当目前的趋势遇上VR的引诱时，人类的未来将是非常值得怀疑的。

有了虚拟现实,人类可能会心甘情愿地走进黑暗的夜晚。我们的多巴胺回路会告诉我们这是有史以来最好的事情。

只有一件事能拯救我们:获得更好的平衡能力,克服我们对"更多"的痴迷,欣赏现实的无限复杂性,并学会享受我们拥有的东西。

你想变得伟大吗？那就从存在开始。你想建造一个巨大而高耸的结构吗？

……你想要建造的结构越高，它的基础就要打得越深。

——圣奥古斯丁

我在早晨醒来，徘徊在改善世界和享受世界这两个愿望之间。

这使得一天的计划变得很困难。

——E. B. 怀特

第 7 章

×

和谐

把它们都放在一起。

在这里，多巴胺和当下分子实现了平衡。

多巴胺和当下分子之间微妙的平衡

　　一位中年男子找到一位专家，想治疗他的抑郁症。除了感到悲伤和绝望之外，他对未来还有一种不健康的痴迷。他反复考虑一切可能出问题的地方，不断担心一些未知灾难。忧虑耗尽了他的精神和能量，他变得情绪脆弱，一受到挑衅就勃然大怒。他没法乘火车去上班，因为与其他乘客挤在一起会让他无法忍受，甚至只是碰到一下都不行。有几个晚上，他妻子凌晨 3 点醒来发现他在流泪。他对医生说："遇到汽车爆胎，一个正常人会打电话给美国汽车协会，而我打给了自杀热线。"

　　他接受了标准的治疗，服用了一种抗抑郁药并收到了不错的疗效，这种药可以改变大脑对当下神经递质血清素的利用方式。在大约一个月的时间里，他的情绪逐渐好转，变得开朗起来。他变得更有适应力，能够享受生活中的美好，这对他的妻子来说也是一种解脱。他觉得尝试更高剂量的药物会更好，想看看会发生什么，他的医生同意了。"感觉好极了！"他在下次见医生时说，"我太高兴了，我好像没有任何负担了，早上也没有起床的理由了。"他和他的医生决定将剂量减少到原来的水平，于是他的情绪又恢复了平衡。

这个病人对激活血清素的抗抑郁药表现出强烈的反应，这种情况只发生在少数人身上，受基因和环境影响都很大。但是，这很好地说明了一个人不管是过度关注未来，还是过度享受现在，都会丧失正常的行动力。

多巴胺和当下神经递质在进化中学会了通力合作。它们常常相互对立，但这有助于保持不断激活的脑细胞的稳定性。然而，在许多情况下，多巴胺和当下神经递质会失去平衡，尤其是往多巴胺这一边倾斜。现代世界驱使我们向着每时每刻全是多巴胺的状态发展。过多的多巴胺会导致精力旺盛的痛苦（如工作狂式的主管），而过多的当下神经递质则会导致快乐的懒惰（如躺在地下室抽大麻的人）。两种人都没有过上真正幸福的生活，也没法真正像人一样成长。为了过上好日子，我们需要让两种分子恢复平衡。

我们本能地知道，两种极端都不健康，这可能解释了为什么我们喜欢讲某个人一开始偏向一头，最后找到平衡的故事。电影《阿凡达》就描述了一个一开始多巴胺过多的角色。一位名叫杰克的前海军陆战队士兵受雇于一家矿业公司，在保安部门工作。该公司正致力于开发潘多拉的自然资源，潘多拉是一颗卫星，它被原始森林覆盖，上面居住着与自然和谐相处的纳美人。这群纳美人崇拜一位名叫艾娃的母神。这是一个典型的多巴胺和当下分子对抗的例子。

为了最大限度地挖掘资源，矿业公司计划摧毁神圣的灵魂树，因为这棵树挡了他们的财路。杰克对这一计划感到震惊，他抛下了自己多巴胺能的背景，加入了关注当下的纳美人，并与部落成员建立了亲密的关系。结合他的多巴胺能技能和他与纳美人合作的能力，他组织并带领他们战胜了矿业公司的警戒部队。最后，在灵魂之树的帮助下，杰克成为纳美人中的一员，并实现了平衡。

20 世纪 80 年代的经典电影《颠倒乾坤》(*Trading Places*) 从另一个角度实现了平衡。比利·雷·瓦伦丁是个不负责任的流浪汉。他懒惰、放纵，对未来漠不关心。他成为一个实验对象，在这个实验中他与一名成功的大宗商品交易员交换人生。随着比利·雷的财富不断累积，他告别了以前漠不关心的生活方式，变得有责任感。在一个场景中，他邀请一群老朋友到他家参加聚会，当他们在他的波斯地毯上呕吐时，他感到异常不安。最后，他参与了一个精心策划的计划，这让他变得富有，生活也重归悠闲，却多了一组新技能。

普通人怎样才能找到平衡？任何人都不太可能放弃现代世界，与一个崇拜树木的部落生活在一起。我们必须通过其他方式找到平衡。单靠多巴胺永远不能满足我们，它不能提供满足感，就像锤子不能转动螺丝一样。但它不断给我们美好的承诺，让我们感觉满足感就在眼前：再来一个甜甜圈，再升一次职，再征服一次。我们怎么从跑步机上下来？这不容易，但有办法。

擅长一件事的乐趣

精通是从特定环境中取得最大回报的能力。一个人可以精通吃豆人游戏、壁球、法式烹饪，也可以精通调试复杂的计算机程序。从多巴胺的角度来看，精通是一件值得期待和追求的好事，但它不同于其他好事。它不仅仅是寻找食物和新的合作伙伴，或者击败竞争对手，它比这些更宏大、更普遍。它是我们成功提取奖励的过程：多巴胺达到了多巴胺的目标。实现了精通，多巴胺到达了它渴望的顶峰——挤压了所有可用资源的最后一滴。这就是多巴胺的目标。这是一个享受当下的时刻。这一刻，多巴胺听从了当下分子。在尽其所能之后，多巴胺会暂停下来，允许当下分子在我们的快乐回路中发挥作用。在这一刻，多巴胺不再对抗满足感，它让它通行——即使只持续很短的一段时间。最好的享受就是沉浸在一份干得好的工作中。

精通也创造了一种心理学家称之为"内部控制点"的感觉。它指的是一种认为自己的选择和经历在自己的掌控之下，而不是被命运、运气或其他人决定的倾向。这是一种挺好的感觉。大多数人不喜欢被他们无法控制的力量摆布。飞行员说，当他们在恶劣的天气中飞行时，坐在驾驶室比在座舱里压力小。在暴风雪中开车也一样，大多数人宁愿坐在驾驶座位也不愿坐在乘客座位上。除了让人感觉良好，内部控制点也让人行动更高效。内部控制点意识强的人更有可能在学业上取得成功和获得高薪工作。

相比之下，有外部控制点的人，对生活的看法则更消极。有些人是快乐、放松、随和的，但同时他们也常常因为自己的失败而责怪别人，可能不会始终如一地尽最大努力。医生经常对这种人感到沮丧，因为他们往往忽视医生的建议，也不愿意为自己的健康负责，比如每天吃药和选择健康的生活方式。

在一件事上做到精通，有助于内部控制核心的发展，也能产生满足感（即使仅有一小会儿）。但这需要花费大量的时间和精力，还需要持续磨炼精神。掌握一项技能需要学生不断地走出自己的舒适区。一旦一个钢琴演奏者能把一首简单的曲子弹好，他就会学一首更难的。这是一趟艰难的跋涉，但也能带来巨大的喜悦。不放弃的人通常会觉得这是值得的，它会让人感觉到找到了激情，发现了如此有吸引力的事情，并完全沉浸在其中。

现实的回报

你刷牙的时候在想什么？大概率不是在想刷牙。你更可能在想你在这一天和一周的晚些时候，或者将来的某个时候要做的事情。为什么？也许是一种习惯，也许是一种焦虑。也许你在担心，如果你不考虑未来，你会错过一些东西。但其实可能不会。如果你不去想你正在做的事情，你肯定会错过一些事情，甚至是你以前未曾关注且意想不到的事情。

前面说过，多巴胺最喜欢的是奖赏预测误差，也就是发现比我们的预期还要好的东西。矛盾的是，多巴胺会尽其所能地避免这种不正确的预测。奖赏预测误差感觉很好，因为你的多巴胺回路会因为一些新的、意想不到的事情把你的生活变得更好而兴奋。但是，对意外的新资源感到惊讶就意味着资源没有得到充分利用。所以多巴胺会确保感觉如此好的惊喜不再是惊喜。多巴胺会熄灭自己的快乐之火。这真令人沮丧，但这是让我们活下去的最好方法。我们能做些什么来让惊喜不断到来呢？

现实是意外最丰富的来源，而我们脑海中的幻想是可以预见的。在反复检查同一份材料的过程中，我们偶尔会想出一个独创的想法，但这是很少见的，并且它通常发生在我们关注其他事情的时候，而不是当我们试图强行逼迫创造力行动的时候。

关注现实，关注你此刻所做的事情，可以使进入你大脑的信息流最大化。它能最大限度地提高多巴胺制订新计划的能力，因为为了建立模型以准确地预测未来，多巴胺需要数据，以及来自感官的数据流。这时，多巴胺和当下分子就联手工作了。

当一些有趣的东西激活多巴胺系统时，我们就会转移注意力。如果我们能够通过向外转移关注焦点来激活我们的当下神经系统，注意力的增加就会使感觉体验更加强烈。想象一下在异国他乡的街道上行走，一切都令人兴奋，即使是看普通的建筑物、树木和商店。因为我们处在一个新的环境中，感觉输入更加生动，这正是旅行的部分乐趣来源。反过来也是成立的：经历当下的感觉刺激，特别是在复杂环境（有时被称为"丰富环境"）中，能使我们大脑中的多巴胺能认知功能更好地工作。而最复杂、最丰富的环境，通常是自然环境。

稍微休息一下吧……

自然是复杂的，它由许多相互作用的部分组成。由于大量的因素相互影响会产生意想不到的模式，因此可供探索的细节可以说是无穷无尽。我们认为自然是美丽而富有启发性的，它时而平静，时而充满活力。澳大利亚墨尔本大学的凯特·李（Kate Lee）博士和一组研究员测试了接触大自然40秒后的认知效果。他们用一张有花草屋顶的城市建筑图片代表大自然，将其与另一幅图片的效果进行了比较，那幅图是相似的建筑，但屋顶是混凝土的。

为了测量两种不同场景的影响，研究人员让一组学生执行一项需要集中注意力的任务。屏幕上闪现出随机数字，学生们一看到数字就得按下按钮。但当数字是 3 时，他们就要忍住不按按钮。他们只有不到一秒钟的反应时间，而且他们必须连续做 225 次。这是一项艰巨的任务，需要付出大量的注意力和动力才能完成。研究人员要求学生们完成两次任务，中间有 40 秒的"微休息"时间。

与观察混凝土屋顶的学生相比，在第一次和第二次测试之间观察花草图片的学生犯的错误更少。研究人员推测，这种差异最可能的解释是，自然场景刺激了"皮层下唤醒"（欲望多巴胺）和"皮层注意控制"（控制多巴胺）。《华盛顿邮报》的一名记者对这项研究发表了评论，他指出："种满了草和其他绿色植物的城市屋顶，在全世界越来越受欢迎……最近，脸谱网公司在加州门罗公园的办公室安装了一个 9 英亩（约 3.6 万平方米）大的绿色屋顶。"这种建筑方式利用当下刺激激活多巴胺，不仅对灵魂有益，也可能提高公司收益。

不要尝试多任务

> 全神贯注可以提升几乎一切体验。
>
> ——凯利·麦戈尼加尔，斯坦福商学院管理学讲师

不管技术上瘾者怎么说，多任务处理，也就是一心多用，都是不可能的。当你试图做不止一件事（比如一边读邮件一边打电话）时，你的注意力就需要在任务之间频繁切换，最终这两件事都干不好。有时你在阅读电子邮件时会暂停，听电话里的人讲话；有时你会专注于电子邮件，听不进对方的话了。跟你说话的人能够分

辨出来，你显然没有把全部注意力放在他身上，你错过了重要的细节。多重任务处理并没有提高你的效率，反而降低了效率。

用户体验专家、火狐 4 浏览器的首席设计师阿萨·拉斯金（Aza Raskin）举了一个例子。把"Jewelry is shiny（珠宝是闪亮的）"这句话一个字母一个字母地大声拼读出来，同时一个字母一个字母地写下你的名字要多长时间？现在先大声拼读这句话，在说完之后再写上你的名字。你花了多长时间？可能只有多任务处理时间的一半。

当你尝试多个任务的时候，你犯的错误也会更多。哪怕只中断几秒钟，即切换到电子邮件程序和返回所需的时间，可能就会使你在需要集中精力的任务上所犯错误的数量增加一倍。造成错误的不仅仅是分心，来回转换也消耗精神能量，而疲劳使注意力更难集中。尽管如此，人们还是会这样做，特别是使用电脑办公的人。

加州大学欧文分校与微软和麻省理工学院合作的一项研究跟踪了整天上网的人的工作习惯。他们在一个任务上平均只花了 47 秒，就会切换到另一个任务。在一天的时间里，他们在不同的任务之间切换了 400 多次。一次在一件事情上花费的时间更短的人，压力水平更高，完成的工作也更少，不然没法解释他们会重复 400 次"切换任务"动作，而不是在每次任务完成后再去处理别的任务。除了降低生产力，高水平的压力也会导致疲劳和倦怠。

未来的高生活成本

生活在一个抽象、虚幻、多巴胺驱动并且充满可能性的世界里是需要付出代价的，这种代价就是幸福。哈佛大学的研究人员通过开发一款智能手机应用程序发现了这一点，该应用程序让志愿者在日常活动中实时报告自己的想法、感受和行动。这项研究的目的是进一步了解走神和幸福之间的关系。来自83个国家的5 000多人自愿参加了这项研究。

应用程序随机联系参与者，要求报告数据。它问志愿者："你现在感觉怎么样？""你现在在干什么？""你是否在想跟你现在所做的无关的事情？"人们在大约一半的时间里对最后一个问题的回答为"是"，不论他们在做什么。除了很容易保持人们注意力的性活动外，所有活动产生的走神的次数都相同。除性活动之外，走神都非常频繁，以至于研究人员得出结论：走神，科学家称之为"刺激非依赖性想法"，是大脑的默认模式。

研究人员进一步考察了测试者的幸福程度，发现人们在走神的时候幸福感会降低，而且不管在进行何种活动时走神，都是如此。无论他们是在吃饭、工作、看电视还是社交，如果他们专注于自己所做的事情，他们就会更快乐。研究人员得出结论："人的思维是一种漫游性思维，而漫游性思维会让人不快乐。"

但如果你不在乎幸福呢？如果你就是多巴胺能型人格，你唯一关心的就是成就呢？但结论不会改变，因为无论你多么聪明、有独创性、有创造力，如果没有当下感官提供的原材料，你的多巴胺回路都不会有太大的成就。

米开朗琪罗的《哀悼基督》描绘了圣母玛利亚抱着她死去的儿子的场景，有力地传达了悲伤和接纳的抽象思想。但它用了一块大理石，才得以实现艺术家的构思。玛利亚的悲伤之美是对女性气质的理想化描述，但如果米开朗琪罗没有用他的眼睛去研究真实的女性，没有用他的情感去体会此时此地的真实悲伤，他就不可能想象出这样的形象。

着眼于现在，我们将从生活的现实中接收感官信息，多巴胺系统就可以利用这些信息来制定计划，以最大程度地获取回报。我们接收的感官印象有可能激发一系列新想法，增强我们迎难而上、再寻解决之道的能力，而这真是一件很美妙的事情。创新，顾名思义，就是创造新东西，创造以前从未设想过的东西，这无疑是令人惊喜的。创造是最持久的多巴胺能的乐趣，因为它总是新的。

多巴胺与当下分子的结合

创造是将多巴胺和当下分子混合在一起的极佳方式。我们在第4章讨论了一种特殊的创造力，即通过打破传统现实模型而实现的创造力。这是一种非凡的创造力，创造者在某种动力的驱使下专注于他的工作，而把生活的其他方面，如家庭和朋友排除在外。有突破性想法的人通常是不满足的，他们孤独而沉迷。多巴胺占优势，而当下回路萎缩。但是，任何人都可以实践更普通的创造形式，这类创造可以促进平衡，而非多巴胺能驱动的支配。

木工、编织、绘画、装饰和缝纫都是过时的活动，在我们的现代世界中没有引起太多的注意，但它们正是关键所在。这些活动不需要智能手机应用程序或高速的互联网，它们需要大脑和双手共同创造。我们的想象力构思了这个项目，我们制订了执行计划，然后用我们的手让它成为现实。

一位在金融服务业工作的企业高管整天都在琢磨股票期权、资产衍生品、汇率和其他金融野兽。他虽然富有但很痛苦，这种痛苦驱使他去看心理健康专家。几个月后，他重新找回了对绘画的热情，这是他几十年前放弃的爱好。"我迫不及待地想在一天结束时回家，"他告诉他的医生，"昨晚我画了 4 个小时，我甚至都没意识到时间已经过去了。"

并不是每个人都有时间或兴趣去学习绘画，但这并不意味着创造美是遥不可及的。成人涂色书使一些人感到迷惑，但也有许多人乐此不疲。乍一看它们似乎很傻：为什么成年人需要涂色书呢？但它们的确可以让人逃离失衡的多巴胺能世界，帮助自己缓解压力。成人涂色书的特点是有美丽而抽象的几何图形，这使得多巴胺能的抽象可以与感官体验相结合。

孩子们也需要用手工作。2015 年，《时代》杂志发表了一篇题为《为什么学校需要重新开木工课》的文章。在新鲜木屑的香气中使用电钻和锯子，可以让学生们从理性严谨的学术型课程中暂时脱身。正如一位木工课指导老师所说，用砂纸打磨一块木头，直到它"像婴儿的屁股一样光滑"，这是如今很少有人体验到的快乐。自己的一番劳动最后形成了一个鸟舍，可以说是一个小小的奇迹。心灵栖身于一片宁静的绿洲，它说，"是我制作的"。

小时候，我们的父亲会在车库里搭一个工作台。它们在今天不太常见了，但是修理东西是一种独特的乐趣。每个项目都是一个需要解决的问题，这是多巴胺能的活动，对应的解决方案把它变成了现实。有时解决维修问题需要创造力，因为缺少必要的工具或用品。例如，指甲钳可以用作钢丝钳。修理东西也能提高自我效能感，增加控制感：当下分子能提供多巴胺能的满足感。

烹饪、园艺和运动等众多活动都可以将智力刺激与体力活动结合起来，改善我们的心情并使我们更有成就感。这些活动可以持续一辈子而不会过时。买一块昂贵的瑞士手表，你也许能感受到几周的多巴胺能刺激，但在那之后，它就只是一块手表而已了。晋升为地区经理一开始会让上班很兴奋，但最终却成了同样老旧的苦差事。创造力则与此完全不同，因为它把当下分子和多巴胺搅在了一起。这就像把少量的碳和铁混合制成钢，让材料变得更强大、更耐久。这就是当你开始从事当下的体力活动时，多巴胺能的快感会发生的变化。

但是大多数人都懒得去从事创造性活动，比如画画、创作音乐或制作飞机模型。我们找不到实用性的理由去做这些事情。它们很难，至少在开始的时候是这样，它们可能不会给我们挣钱，也不会给我们带来声望，或者保证我们有一个更好的未来。但它们可能会让我们快乐。

力量掌握在你手中

TINYpulse是一家帮助管理者提高员工敬业度的咨询公司，它在2015年对500多家公司的3万多名员工进行了调查。调查者询问了员工关于经理、同事和职业发展的情况，但调查真正的目的是幸福程度。

TINYpulse指出，从来没有人做过这样的调查。一般来说，管理顾问似乎不太看重幸福感。但TINYpulse认为，幸福感对公司的成功至关重要，所以调查者将对幸福感的调查拓展到各行各业，包括技术、金融和生物等一系列迷人的领域。但这些领域给人带来的幸福感没有一个排在前列，因为最幸福的人是建筑工人。

建筑工人用自己的头脑和双手，把抽象的计划变成现实，他们之间的友情也十分珍贵。TINYpulse询问建筑工人感到快乐的理由，最常见的是，"我和很棒的同事们一起工作"。一位建筑经理说：

"一天结束的时候，大家一起放松一会儿，边喝啤酒边聊天——不管是开心的还是难过的事，都可以聊个畅快，这个过程提高了团队的凝聚力。"工作环境中的亲密关系起了关键作用：工作和友谊，也即多巴胺和当下分子，在此融合。

建筑工人如此幸福的第二个最重要的原因是"我对自己的工作和项目感到兴奋"，这是一个多巴胺能的原因。报告的作者还指出，建筑业在前一年有了强劲的增长，而且这种增长也反映在了薪水上，这是另一种多巴胺能的贡献。哲学家亚里士多德认为幸福是所有其他目标的目标，而要得到幸福，多巴胺和当下分子缺一不可。

×

我们的多巴胺回路使我们成为人类，正是它们赋予了我们这个物种特殊的力量。我们思考，我们计划，我们想象，我们将思维提升到抽象层面，去思考真理、正义和美这些概念。在这些回路中，我们超越了所有空间和时间的障碍。由于我们有能力主宰周围的世界，我们在最恶劣的环境中，甚至在外太空也能茁壮成长。但同样是这些回路，也会引导我们走上一条更黑暗的道路，一条上瘾、背叛和痛苦的道路。如果我们想成为伟大的人，我们可能不得不接受这样一个事实：苦难也是其中的一部分。当别人享受家人和朋友的陪伴时，正是对现状的不满足使我们继续工作。

但如果你想要幸福的成就感，那你的任务则有所不同，这个任务就是找到和谐。我们必须克服无休止的多巴胺能刺激的诱惑，背弃对"更多"的无尽渴望。如果我们能将多巴胺和当下分子结合，我们就能达到这种和谐。每时每刻充斥着多巴胺并不是通往最好未来的道路。要激发大脑的全部潜能，需要感官现实和抽象思维的共同作用。当它在巅峰状态下运作时，它不仅能产生快乐和满足，或者财富和知识，还能产生丰富的感官体验和智慧，而这可以让我们走上一条更平衡的人生道路。

致 谢

×

最要感谢的就是弗雷德·H. 普雷维奇博士的著作《人类进化和历史中的多巴胺能思维》。这本书向我们介绍了未来的多巴胺和当下的其他神经递质之间的根本区别。这本书主要面向科学家，但是如果你有兴趣深入研究贯穿本书的神经生物学知识，也一定不要错过。

感谢我们的经纪人，哈维·克林格公司的安德烈亚·索姆伯格和温迪·莱文森，他们总是能立刻理解我们所做的事情，并给我们开绿灯。感谢我们的出版人，本贝拉的格伦·叶费思，他的热情和专业知识让我们更加安心。还要感谢本贝拉团队，特别是利娅·威尔逊、阿德里安娜·朗、珍妮弗·坎佐内里、亚历克莎·史蒂文森、莎拉·阿文格、希瑟·巴特菲尔德，以及该团队中所有为我们的作品而努力的人，即使我们从未见过面。另外，还要特别感谢文稿编辑詹姆斯·M. 弗雷利。他哪怕在睡觉的时候也能改稿。

　　丹尼尔想要感谢弗雷德里克·古德温博士多年来的指导。古德温博士是世界上最杰出的双相情感障碍专家之一。他让我注意到移民与双相情感基因之间的关系，并建议我参考托克维尔的经典著作《论美国的民主》，以更好地了解19世纪美国的特点。感谢乔治·华盛顿大学医学院的同事们让我们在一个充满活力的学术环境中从事精神疾病的治疗和研究，让我们有机会治疗很多精神疾病患者。我很感激我的病人愿意与我分享他们的痛苦、胜利、希望和恐惧，这是我一直以来的灵感来源。我还要感谢医学院的学生和学员提出了刁钻的难题，迫使我不断重新思考我对大脑工作原理的理解。

　　迈克尔想要感谢提前阅读书稿的格雷格·诺思科特，以及吉姆与埃伦·哈伯德夫妇，他们帮助我们确认书里的科学内容是严谨可信的。感谢约翰·J.米勒给我们树立了良好的职业榜样，感谢彼得·纳什的鼓励。还要感谢我在乔治敦大学的学生，是他们提醒我写作主要靠思考。已故的布莱克·斯奈德教会了我怎样讲故事，文斯·吉利根教会我如何让文字朗朗上口。还要感谢我的弟弟托德每天的玩笑话，请继续保持下去。哦，对了，还要谢谢我的母亲。

　　丹尼尔想要感谢妻子雅美，她一直支持着我，她的乐观和鼓励也一直感染着我。写这本书的过程中遇到的坎坷一度让我怀疑自己，但我的妻子把它们全部打消了。感谢我的儿子，萨姆和扎克，他们不但给我的生活带来了欢乐，也迫使我不断成长。

　　迈克尔想要感谢妻子茱莉亚在过去的几年里给了他更多的自由。你总是任由我咆哮，然后吻我的额头，告诉我无论如何我都能做到。还要感谢我的孩子们，萨姆、马德琳和布莱恩，感谢你们在对这本书不感兴趣的情况下也表现出很有兴趣的样子。爱你们。

　　我们还要感谢白宫附近的星期五餐厅，我们在那里既沉溺于多巴胺，又想要控制多巴胺。产生于那里的计划和想象最终坍缩成了你现在手里拿着的现实。

最后，这本书始于两个朋友的努力，我们对钓鱼和棒球等正常的消遣都不感兴趣，唯一能一起做的就是一起吃午饭或写本书。我们仍然是朋友，尽管有几次我们的关系差点儿破裂。

丹尼尔·利伯曼和迈克尔·E.朗

2018 年 2 月

译后记

×

　　当编辑告诉我还可以写一篇译后记时，我的大脑仿佛被按下了"一键三连"，开启了一波富有层次的多巴胺释放。图书即将付梓，未曾想还来得及，这个"奖赏预测误差"刺激了第一次多巴胺脉冲。紧接着又是一次，更强更猛。工作中充斥着套路式写作，现在有机会可以自由发挥，仿佛吃腻了馒头去吃自助火锅，怎让人不满怀期待？两次脉冲过后是一股涓涓细流，时缓时急，直到现在流淌成河。这是多巴胺控制回路在做提前规划，以防拖延症将我推入困境。

　　我从小就喜欢做这样的"大脑复盘"，不管是一个奇思妙想、一次情绪波动，还是一个梦境，我都想知道它们从何而来。和很多化学同行一样，我喜欢从分子的视角去观察日常事物。我在着手翻译《贪婪的多巴胺》后，便将这两个习惯结合起来，试图去感知大脑中神经递质的运作。普通人很难有机会用现代科学仪器分析自己的大脑，但我们若是多了解一些大脑在分子和细胞层面的运行机制，更细心地去感受和分析，就有可能对自己的情绪和想法剥茧抽丝，由此对行为和人生规划做一些有益的指导。这其中最关键的分子就是多巴胺，它是我们重识自己的一把钥匙。

这把钥匙在化学结构上并不复杂，它是个分子量只有153的小分子，但功能却强大而多样。不少人口中的多巴胺形象是极端化的，或是天使，或是魔鬼。它有时被冠以"快乐分子"或"爱情分子"的名号，有时被指认为导致家破人亡的罪魁祸首。这些片面的解读或许源于科普相对于科研工作的滞后，也可能源于多巴胺自身——相比于复杂细致的论述，简单粗暴的论断更抓人眼球，也更容易被转发，而这正是受到了多巴胺的影响。随着近几年自媒体科普的发展，对多巴胺的一些正确认识有了更多传播，但客观而全面介绍多巴胺的科普作品仍然很少。《贪婪的多巴胺》很好地填补了这块空白，它不仅详细介绍了多巴胺回路基于"奖赏预测误差"的运作机制，还厘清了多巴胺与当下分子、多巴胺欲望回路与控制回路的区别与关联。作者以多巴胺作为主线，讲述了它和当下分子如何塑造了我们的行为和情绪，并影响生活和社会的方方面面。

本书由两位作者合著，丹尼尔·利伯曼是乔治·华盛顿大学教授、精神病学和行为学方面的专家，迈克尔·朗则是一位物理学专业出身的"斜杠学者"：演讲稿撰写人/编剧/作家/演讲家/教师。两位作者互补的专长让本书既有严谨的科学讲述，又有引人入胜的故事。本书多样化的话题和语言风格无疑给翻译带来了一些挑战，但正是这种多样性和挑战吸引了我——谁叫我是一个多巴胺能人格的人呢？全书各章之间相对独立却融会贯通，广度和深度逐步加深，而每一章的内部也有丰富的层次，让我翻译时能获得持续的多巴胺释放。显然，两位作者深谙多巴胺的运行机制，并将其应用于写作，使得本书兼顾科学性和趣味性，让人看时兴致盎然，阅后回味无穷。

　　我在翻译时碰到不熟知的人名或作品都会去查一下，一是为了确保翻译的准确性，二是他们的故事能给我带来新鲜感和乐趣。有些虽然当时没去查，但埋下了一颗颗种子，谁也不知道它们什么时候会发芽。比如书中"天才与疯子"一章提到，斯蒂芬·金的小说《头号书迷》源于一个梦。我之前知道这位作家，也看过原作改编的几部电影，所以没有细查，直到后来看到他写的《写作这回事》，里面详细讲述了这个梦和后续的创作故事。我当时甚是惊喜，仿佛两次偶遇同一个女孩，第二次才发现她竟是如此迷人（她现在是我夫人）。斯蒂芬·金具有典型的多巴胺能人格，而《写作这回事》这本书中也随处可见多巴胺味儿很浓的文字。他是痴迷写作的天才，"一旦写得兴起，手往往跟不上脑子里涌动的文字"；他也曾被酒精勾住了魂，"要求酗酒的人控制酒量，就像要求严重腹泻的病人不要拉屎"。以前看书过瘾就是觉得爽，在对大脑的运行机制有了更多了解之后，我发现自己能更细腻地感受文字背后的情绪，理解人物动机，从而产生更强的共鸣。这是《贪婪的多巴胺》给我带来的第二个收获，它除了让我更好地认识自己，也让我更容易理解他人，不管是书中之人，还是身边之人。

　　相比理解书中之人，理解和陪伴身边之人更加重要。我家小孩前一阵迷上了一部坦克动画片，虽然一集就几分钟，但他能连看十集停不下来，如果强行关掉，他就大叫"我还要看！还要！"。我们也有追剧上瘾的时候，所以能理解这种被多巴胺欲望回路劫持的状态，但任由多巴胺泛滥是有风险的，还是得想出对策。几经试错之后，我们发现了两种有效策略。一是预期管理，提前商量好每天最多看三集，第一集放完暂停，提醒他还有两集，第二集放完再提醒他还有最后一集。预期误差减小后，他就更容易停下来了。第二种方法是亲子创作，我带他拼坦克，他妈妈带他画坦克，让他在动手创造和交流互动中将多巴胺与当下体验结合，带来更大的满足感。让人惊讶的是，几天之后他自己摸索出了两个改进方案。一是延迟满足，他三集不一次全看完，而是留一两集之后看，这样就可以留个念想。二是自主创作，在拼完或画完坦克后，他以此为道具玩对战游戏，集编导演于一体。后来，他对这种创作和游戏的兴趣甚至超过了看动画片，因为在此过程中释放的多巴胺更多、更持久。有研究表明幼年经历会影响大脑发育，但目前在儿童多巴胺方面的研究才刚刚起步。虽然我无法透视他的大脑，但我猜想经过这几次坦克大战，他大脑中的欲望多巴胺回路、控制多巴胺回路和当下系统三者之间的协同作战能力也会加强。当然，我和他妈妈同样在这个过程中收获了丰富的多巴胺能体验和弥足珍贵的经验。

　　自我提交译稿已有一年多，但去年疫情期间"家班"（我家娃发明的词）的场景仍历历在目。对于我这样一个初试身手的译者来说，这项翻译工作是艰巨而富有挑战性的，但也充满了乐趣。原著中有个谜语"I'm in years but not months. I'm in weeks but not days. What am I?"（谜底是字母 e），若将谜面译成中文，谜底也应随之变化。我当时翻译的是"我在年之中，但不在月之中；我在周之中，但不在天之中。我是什么？"类比原谜语的逻辑，这个中文谜语的谜底应为笔画竖"丨"。后来有位同学告诉我 day 也可以翻译成"日"，大家可以猜猜看，这种情况下的谜底是什么。虽然最后出于尊重原文的考虑，编辑没有采用纯中文版本，但在这个过程中我体验到了强烈的多巴胺释放。正是这些大大小小的多巴胺刺激，让我这个重度拖延症患者得以坚持完成翻译工作，我希望《贪婪的多巴胺》也能给读者朋友们带来多巴胺能的阅读体验。由于时间和经验不足，虽经几番斟酌和校对，难免有疏漏之处，还请广大读者朋友们海涵，欢迎大家批评指正。

这篇译后记主要是我受本书启发后的实践体会，我利用这个机会做一个记录，同时也分享给读者朋友们。其中部分论述仅是尚不成熟的小想法，还未经过严谨的科学论证，希望能抛砖引玉。如果这些分享能对大家有些许启发，并激发大家边看边实践，那我将感到非常欣慰。多巴胺研究作为一个多学科交叉的前沿课题，近几年不断取得新的进展，感兴趣的读者可以以本书作为基础，持续关注该领域的动向。

我想借此机会感谢学校和家人对我翻译工作的支持，也感谢很多朋友和学生，与你们的交流和互动让我受益匪浅。感谢我的妻儿，与你们共同实践和成长是让我最幸福的事情。我还要感谢我的博士导师华瑞茂教授，我一直记得他在某次聚餐时随口说的一句话："如果连乙醇都搞不定，还搞什么化学？"于是我在翻译碰到瓶颈时便会想："如果连多巴胺都搞不定，还谈什么人生？"最后，希望我们都能与大脑和谐相处，也与他人、环境和地球和谐相处。在人类奔赴星辰大海之时，也一定有一份功劳属于这贪婪而迷人的多巴胺。

此刻，写译后记带来的多巴胺热潮逐渐消退，但下一个期待又在我脑海中荡起了新的多巴胺涟漪。多巴胺与当下分子一起，奏响了一段"化学交响曲"的终章，又开启了下一曲的序章，仿若这夏夜雨后的虫鸣。

郑李垚

2021 年夏

参考文献

×

第 1 章 爱情

Fowler, J. S., Volkow, N. D., Wolf, A. P., Dewey, S. L., Schlyer, D. J., MacGregor, R. R., ...Christman, D. (1989). Mapping cocaine binding sites in human and baboon brain in vivo. *Synapse*, *4*(4), 371–377.

Colombo, M. (2014). Deep and beautiful. The reward prediction error hypothesis of dopamine. *Studies in History and Philosophy of Science Part C: Studies in History and Philosophy of Biological and Biomedical Sciences, 45,* 57–67.

Previc, F. H. (1998). The neuropsychology of 3-D space. *Psychological Bulletin*, *124*(2), 123.

Skinner, B. F. (1990). *The behavior of organisms: An experimental analysis.* Cambridge, MA: B. F. Skinner Foundation.

Fisher, H. E., Aron, A., & Brown, L. L. (2006). Romantic love: A mammalian brain system for mate choice. *Philosophical Transactions of the Royal Society of*

London B: Biological Sciences, 361(1476), 2173–2186.

Marazziti, D., Akiskal, H. S., Rossi, A., & Cassano, G. B. (1999). Alteration of the platelet serotonin transporter in romantic love. Psychological Medicine, 29(3), 741–745.

Spark, R. F. (2005). Intrinsa fails to impress FDA advisory panel. International Journal of Impotence Research, 17(3), 283–284.

Fisher, H. (2004). Why we love: The nature and chemistry of romantic love. New York: Macmillan.

Stoléru, S., Fonteille, V., Cornélis, C., Joyal, C., & Moulier, V. (2012). Functional neuroimaging studies of sexual arousal and orgasm in healthy men and women: A review and meta-analysis. Neuroscience & Biobehavioral Reviews, 36(6), 1481–1509.

Georgiadis, J. R., Kringelbach, M. L., & Pfaus, J. G. (2012). Sex for fun: A synthesis of human and animal neurobiology. Nature Reviews Urology, 9(9), 486–498.

Garcia, J. R., MacKillop, J., Aller, E. L., Merriwether, A. M., Wilson, D. S., & Lum, J. K. (2010). Associations between dopamine D4 receptor gene variation with both infidelity and sexual promiscuity. PLoS One, 5(11), e14162.

Komisaruk, B. R., Whipple, B., Crawford, A., Grimes, S., Liu, W. C., Kalnin, A., & Mosier, K. (2004). Brain activation during vaginocervical self-stimulation and orgasm in women with complete spinal cord injury: fMRI evidence of mediation by the vagus nerves. Brain Research, 1024(1), 77–88.

第 2 章　毒品

Pfaus, J. G., Kippin, T. E., & Coria-Avila, G. (2003). What can animal models tell us about human sexual response? Annual Review of Sex Research, 14(1), 1–63.

Fleming, A. (2015, May–June). The science of craving. The Economist 1843. Retrieved from https://www.1843magazine.com/content/features/wanting-versus-liking

Study with "never-smokers" sheds light on the earliest stages of nicotine dependence. (2015, September 9). *Johns Hopkins Medicine*. Retrieved from https://www. hopkinsmedicine.org/news/media/releases/study_with_never_smokers_sheds_ light_on_the_earliest_stages_of_nicotine_dependence

Rutledge, R. B., Skandali, N., Dayan, P., & Dolan, R. J. (2015). Dopaminergic modulation of decision making and subjective well-being. *Journal of Neuroscience*, 35(27), 9811–9822.

Weintraub, D., Siderowf, A. D., Potenza, M. N., Goveas, J., Morales, K. H., Duda, J. E., ...Stern, M. B. (2006). Association of dopamine agonist use with impulse control disorders in Parkinson disease. *Archives of Neurology*, 63(7), 969–973.

Moore, T. J., Glenmullen, J., & Mattison, D. R. (2014). Reports of pathological gambling, hypersexuality, and compulsive shopping associated with dopamine receptor agonist drugs. *JAMA Internal Medicine*, 174(12), 1930–1933.

Ian W. v. Pfizer Australia Pty Ltd. Victoria Registry, Federal Court of Australia, March 10, 2012.

Klos, K. J., Bower, J. H., Josephs, K. A., Matsumoto, J. Y., & Ahlskog, J. E. (2005). Pathological hypersexuality predominantly linked to adjuvant dopamine agonist therapy in Parkinson's disease and multiple system atrophy. *Parkinsonism and Related Disorders*, 11(6), 381–386.

Pickles, K. (2015, November 23). How online porn is fueling sex addiction: Easy access to sexual images blamed for the rise of people with compulsive sexual behaviour, study claims. *Daily Mail*. Retrieved from http://www. dailymail.co.uk/ health/article-3330171/How-online-porn-fuelling-sex -addiction-Easy-access-sexual-images-blamed-rise-people-compulsive -sexual-behaviour-study-claims. html

Voon, V., Mole, T. B., Banca, P., Porter, L., Morris, L., Mitchell, S., ...Irvine, M. (2014). Neural correlates of sexual cue reactivity in individuals with and without compulsive sexual behaviors. *PloS One*, 9(7), e102419.

Dixon, M., Ghezzi, P., Lyons, C., & Wilson, G. (Eds.). (2006). *Gambling: Behavior theory, research, and application.* Reno, NV: Context Press.

National Research Council. (1999). *Pathological gambling: A critical review.* Chicago: Author.

Gentile, D. (2009). Pathological video-game use among youth ages 8 to 18: A national study. *Psychological Science,* 20(5), 594–602.

Przybylski, A. K., Weinstein, N., & Murayama, K. (2016). Internet gaming disorder: Investigating the clinical relevance of a new phenomenon. *American Journal of Psychiatry,* 174(3), 230–236.

Chatfield, T. (2010, November). Transcript of "7 ways games reward the brain." Retrieved from https://www.ted.com/talks/tom_chatfield_7_ways_games_ reward_the_brain/transcript?language=en

Fritz, B., & Pham, A. (2012, January 20). Star Wars: The Old Republic—the story behind a galactic gamble. Retrieved from http://herocomplex.latimes.com/ games/ star-wars-the-old-republic-the-story-behind-a-galactic-gamble/

Nayak, M. (2013, September 20). Grand Theft Auto V sales zoom past $1 billion mark in 3 days. Reuters. Retrieved from http://www.reuters.com/article/entertainment-us-taketwo-gta-idUSBRE98J0O820130920

Ewalt, David M. (2013, December 19). Americans will spend $20.5 billion on video games in 2013. *Forbes.* Retrieved from https://www.forbes.com/ sites/ davidewalt/2013/12/19/americans-will-spend-20-5-billion-on-video-games-in-2013/#2b5fa4522c1e

第 3 章　掌控的力量

MacDonald, G. (1993). *The light princess: And other fairy tales.* Whitethorn, CA: Johannesen.

Previc, F. H. (1999). Dopamine and the origins of human intelligence. *Brain and Cognition, 41*(3), 299–350.

Salamone, J. D., Correa, M., Farrar, A., & Mingote, S. M. (2007). Effort-related functions of nucleus accumbens dopamine and associated forebrain circuits. *Psychopharmacology, 191*(3), 461–482.

Rasmussen, N. (2008). *On speed: The many lives of amphetamine.* New York: NYU Press.

McBee, S. (1968, January 26). The end of the rainbow may be tragic: Scandal of the diet pills. *Life Magazine,* 22–29.

PsychonautRyan. (2013, March 9). Amphetamine-induced narcissism [Forum thread]. Bluelight.org. Retrieved from http://www.bluelight.org/vb/threads/689506-Amphetamine-Induced-Narcissism?s=e81c6e06edabbcf704296e266b7245e4

Tiedens, L. Z., & Fragale, A. R. (2003). Power moves: Complementarity in dominant and submissive nonverbal behavior. *Journal of Personality and Social Psychology, 84*(3), 558–568.

Schlemmer, R. F., & Davis, J. M. (1981). Evidence for dopamine mediation of submissive gestures in the stumptail macaque monkey. *Pharmacology, Biochemistry, and Behavior, 14,* 95–102.

Laskas, J. M. (2014, December 21). Buzz Aldrin: The dark side of the moon. *GQ.* Retrieved from http://www.gq.com/story/buzz-aldrin

Cortese, S., Moreira-Maia, C. R., St. Fleur, D., Morcillo-Peñalver, C., Rohde, L. A., & Faraone, S. V. (2015). Association between ADHD and obesity: A systematic review and meta-analysis. *American Journal of Psychiatry, 173*(1), 34–43.

Goldschmidt, A. B., Hipwell, A. E., Stepp, S. D., McTigue, K. M., & Keenan, K. (2015). Weight gain, executive functioning, and eating behaviors among girls. *Pediatrics, 136*(4), e856–e863.

O'Neal, E. E., Plumert, J. M., McClure, L. A., & Schwebel, D. C. (2016). The role of body mass index in child pedestrian injury risk. *Accident Analysis & Prevention, 90,* 29–35.

Macur, J. (2014, March 1). End of the ride for Lance Armstrong. *The New York Times.* Retrieved from https://www.nytimes.com/2014/03/02/sports/cycling/end-of-the-ride-for-lance-armstrong.html

Schurr, A., & Ritov, I. (2016). Winning a competition predicts dishonest behavior.

Proceedings of the National Academy of Sciences, 113(7), 1754–1759.

Trollope, A. (1874). *Phineas redux*. London: Chapman and Hall.

Power, M. (2014, January 29). The drug revolution that no one can stop. *Matter*. Retrieved from https://medium.com/matter/the-drug-revolution-that-noone-can-stop-19f753fb15e0#.sr85czt5n

Baumeister, R. F., Bratslavsky, E., Muraven, M., & Tice, D. M. (1998). Ego depletion: Is the active self a limited resource? *Journal of Personality and Social Psychology, 74*(5), 1252–1265.

MacInnes, J. J., Dickerson, K. C., Chen, N. K., & Adcock, R. A. (2016). Cognitive neurostimulation: Learning to volitionally sustain ventral tegmental area activation. *Neuron, 89*(6), 1331–1342.

Miller, W. R. (1995). *Motivational enhancement therapy manual: A clinical research guide for therapists treating individuals with alcohol abuse and dependence*. Darby, PA: DIANE Publishing.

Kadden, R. (1995). *Cognitive-behavioral coping skills therapy manual: A clinical research guide for therapists treating individuals with alcohol abuse and dependence* (No. 94). Darby, PA: DIANE Publishing.

Nowinski, J., Baker, S., & Carroll, K. M. (1992). *Twelve step facilitation therapy manual: A clinical research guide for therapists treating individuals with alcohol abuse and dependence* (Project MATCH Monograph Series, Vol. 1). Rockville, MD: U.S. Dept. of Health and Human Services, Public Health Service, Alcohol, Drug Abuse, and Mental Health Administration, National Institute on Alcohol Abuse and Alcoholism.

Barbier, E., Tapocik, J. D., Juergens, N., Pitcairn, C., Borich, A., Schank, J. R., ... Vendruscolo, L. F. (2015). DNA methylation in the medial prefrontal cortex regulates alcohol-induced behavior and plasticity. *The Journal of Neuroscience, 35*(15), 6153–6164.

Massey, S. (2016, July 22). An affective neuroscience model of prenatal health behavior change [Video]. Retrieved from https://youtu.be/tkng4mPh3PA

Orendain, S. (2011, December 28). In Philippine slums, capturing light in a bottle. *NPR All Things Considered*. Retrieved from https://www.npr.org/2011/12/28/144385288/in-philippine-slums-capturing-light-in-a-bottle

Nasar, S. (1998). *A beautiful mind*. New York, NY: Simon & Schuster.

Dement, W. C. (1972). *Some must watch while some just sleep*. New York: Freeman.

Winerman, L. (2005). Researchers are searching for the seat of creativity and problem-solving ability in the brain. *Monitor on Psychology, 36*(10), 34.

Green, A. E., Spiegel, K. A., Giangrande, E. J., Weinberger, A. B., Gallagher, N. M., & Turkeltaub, P. E. (2016). Thinking cap plus thinking zap: tDCS of frontopolar cortex improves creative analogical reasoning and facilitates conscious augmentation of state creativity in verb generation. *Cerebral Cortex, 27*(4), 2628–2639.

Schrag, A., & Trimble, M. (2001). Poetic talent unmasked by treatment of Parkinson's disease. *Movement Disorders, 16*(6), 1175–1176.

Pinker, S. (2002). Art movements. *Canadian Medical Association Journal, 166*(2), 224.

Gottesmann, C. (2002). The neurochemistry of waking and sleeping mental activity: The disinhibition-dopamine hypothesis. *Psychiatry and Clinical Neurosciences, 56*(4), 345–354.

Scarone, S., Manzone, M. L., Gambini, O., Kantzas, I., Limosani, I., D'Agostino, A., & Hobson, J. A. (2008). The dream as a model for psychosis: An experimental approach using bizarreness as a cognitive marker. *Schizophrenia Bulletin, 34*(3), 515–522.

Fiss, H., Klein, G. S., & Bokert, E. (1966). Waking fantasies following interruption of two types of sleep. *Archives of General Psychiatry, 14*(5), 543–551.

Rothenberg, A. (1995). Creative cognitive processes in Kekulé's discovery of the structure of the benzene molecule. *American Journal of Psychology, 108*(3),

419–438.

Barrett, D. (1993). The "committee of sleep": A study of dream incubation for problem solving. *Dreaming, 3*(2), 115–122.

Root-Bernstein, R., Allen, L., Beach, L., Bhadula, R., Fast, J., Hosey, C., & Podufaly, A. (2008). Arts foster scientific success: Avocations of Nobel, National Academy, Royal Society, and Sigma Xi members. *Journal of Psychology of Science and Technology, 1*(2), 51–63.

Friedman, T. (Producer), & Jones, P. (Director). (1996). *NOVA: Einstein Revealed.* Boston, MA: WGBH.

Kuepper, H. (2017). Short life history: Hans Albert Einstein. Retrieved from http:// www.einstein-website.de/biographies/einsteinhansalbert_content. html

James, I. (2003). Singular scientists. *Journal of the Royal Society of Medicine, 96*(1), 36–39.

第 5 章　自由与保守

Verhulst, B., Eaves, L. J., & Hatemi, P. K. (2012). Correlation not causation: The relationship between personality traits and political ideologies. *American Journal of Political Science, 56*(1), 34–51.

Bai, M. (2017, June 29). Why Pelosi should go—and take the '60s generation with her. *Matt Bai's Political World.* Retrieved from www.yahoo.com/news/pelosi -go-take-60s-generation-090032524.html

Gray, N. S., Pickering, A. D., & Gray, J. A. (1994). Psychoticism and dopamine D2 binding in the basal ganglia using single photon emission tomography. *Personality and Individual Differences, 17*(3), 431–434.

Eysenck, H. J. (1993). Creativity and personality: Suggestions for a theory. *Psychological Inquiry, 4*(3), 147–178.

Ferenstein, G. (2015, November 8). Silicon Valley represents an entirely new political category. TechCrunch. Retrieved from https://techcrunch.com/2015/11/08/siliconvalley-represents-an-entirely-new-political-category/

Moody, C. (2017, February 20). Political views behind the 2015 Oscar nominees. CNN. Retrieved from http://www.cnn.com/2015/02/20/politics/oscars-political-donations-crowdpac/

Robb, A. E., Due, C., & Venning, A. (2016, June 16). Exploring psychological wellbeing in a sample of Australian actors. *Australian Psychologist.*

Wilson, M. R. (2010, August 23). Not just News Corp.: Media companies have long made political donations. *OpenSecrets Blog.* Retrieved from https://www.opensecrets.org/news/2010/08/news-corps-million-dollar-donation/

Kristof, N. (2016, May 7). A confession of liberal intolerance. *The New York Times.* Retrieved from http://www.nytimes.com/2016/05/08/opinion/sunday/a-confession-of-liberal-intolerance.html

Flanagan, C. (2015, September). That's not funny! Today's college students can't seem to take a joke. *The Atlantic.*

Kanazawa, S. (2010). Why liberals and atheists are more intelligent. *Social Psychology Quarterly, 73*(1), 33–57.

Amodio, D. M., Jost, J. T., Master, S. L., & Yee, C. M. (2007). Neurocognitive correlates of liberalism and conservatism. *Nature Neuroscience, 10*(10), 1246–1247.

Settle, J. E., Dawes, C. T., Christakis, N. A., & Fowler, J. H. (2010). Friendships moderate an association between a dopamine gene variant and political ideology. *The Journal of Politics, 72*(4), 1189–1198.

Ebstein, R. P., Monakhov, M. V., Lu, Y., Jiang, Y., San Lai, P., & Chew, S. H. (2015, August). Association between the dopamine D4 receptor gene exon III variable number of tandem repeats and political attitudes in female Han Chinese. *Proceedings of the Royal Society B, 282*(1813), 20151360.

How states compare and how they voted in the 2012 election. (2014, October 5). *The Chronicle of Philanthropy.* Retrieved from https://www.philanthropy.com/article/How-States-CompareHow/152501

Giving USA. (2012). *The annual report on philanthropy for the year 2011.* Chicago: Author.

Kertscher, T. (2017, December 30). Anti-poverty spending could give poor $22,000 checks, Rep. Paul Ryan says. Politifact. Retrieved from http://www.politifact. com/wisconsin/statements/2012/dec/30/paul-ryan/anti-poverty-spending-could-give-poor-22000-checks/

Giving USA. (2017, June 29). Giving USA: Americans donated an estimated $358.38 billion to charity in 2014; highest total in report's 60-year history [Press release]. Retrieved from https://givingusa.org/giving-usa-2015-press -release-giving-usa-americans-donated-an-estimated-358-38-billion-to-charity-in-2014-highest-total-in-reports-60-year-history/

Konow, J., & Earley, J. (2008). The hedonistic paradox: Is homo economicus happier? *Journal of Public Economics, 92*(1), 1–33.

Post, S. G. (2005). Altruism, happiness, and health: It's good to be good. *International Journal of Behavioral Medicine, 12*(2), 66–77.

Brooks, A. (2006). *Who really cares?: The surprising truth about compassionate conservatism.* Basic Books.

Leonhardt, D., & Quealy, K. (2015, May 15). How your hometown affects your chances of marriage. *The Upshot* [Blog post]. Retrieved from https://www. nytimes.com/interactive/2015/05/15/upshot/the-places-that-discouragemarriage-most.html

Kanazawa, S. (2017). Why are liberals twice as likely to cheat as conservatives? *Big Think.* Retrieved from http://hardwick.fi/E%20pur%20si%20muove/whyare-liberals-twice-as-likely-to-cheat-as-conservatives.html

Match.com. (2012). Match.com presents Singles in America 2012. *Up to Date* [blog]. Retrieved from http://blog.match.com/sia/

Dunne, C. (2016, July 14). Liberal artists don't need orgasms, and other findings from OkCupid. Hyperallergic. Retrieved from http://hyperallergic.com /311029/liberal-artists-dont-need-orgasms-and-other-findings-from-okcupid/

Carroll, J. (2007, December 31). Most Americans "very satisfied" with their personal lives. Gallup.com. Retrieved from http://www.gallup.com/poll/103483/most-americans-very-satisfied-their-personal-lives.aspx

Cahn, N., & Carbone, J. (2010). *Red families v. blue families: Legal polarization and the creation of culture*. Oxford: Oxford University Press.

Edelman, B. (2009). Red light states: Who buys online adult entertainment? *Journal of Economic Perspectives, 23*(1), 209–220.

Schittenhelm, C. (2016). What is loss aversion? *Scientific American Mind, 27*(4), 72–73.

Kahneman, D., Knetsch, J. L., & Thaler, R. H. (1991). Anomalies: The endowment effect, loss aversion, and status quo bias. *Journal of Economic Perspectives, 5*(1), 193–206.

De Martino, B., Camerer, C. F., & Adolphs, R. (2010). Amygdala damage eliminates monetary loss aversion. *Proceedings of the National Academy of Sciences, 107*(8), 3788–3792.

Dodd, M. D., Balzer, A., Jacobs, C. M., Gruszczynski, M. W., Smith, K. B., & Hibbing, J. R. (2012). The political left rolls with the good and the political right confronts the bad: Connecting physiology and cognition to preferences. *Philosophical Transactions of the Royal Society B: Biological Sciences, 367*(1589), 640–649.

Helzer, E. G., & Pizarro, D. A. (2011). Dirty liberals! Reminders of physical cleanliness influence moral and political attitudes. *Psychological Science, 22*(4), 517–522.

Crockett, M. J., Clark, L., Hauser, M. D., & Robbins, T. W. (2010). Serotonin selectively influences moral judgment and behavior through effects on harm aversion. *Proceedings of the National Academy of Sciences, 107*(40), 17433–17438.

Harris, E. (2012, July 2). Tension for East Hampton as immigrants stream in. *The New York Times*. Retrieved from http://www.nytimes.com/2012/07/03 /nyregion/east-hampton-chafes-under-influx-of-immigrants.html

Glaeser, E. L., & Gyourko, J. (2002). *The impact of zoning on housing affordability* (Working Paper No. 8835). Cambridge, MA: National Bureau of Economic Research.

Real Clear Politics. (2014, July 9). Glenn Beck: I'm bringing soccer balls, teddy bears to illegals at the border. Retrieved from http://www.realclearpolitics. com/ video/2014/07/09/glenn_beck_im_bringing_soccer_balls_teddy_bears_to_ illegals_at_the_border.html

Laber-Warren, E. (2012, August 2). Unconscious reactions separate liberals and conservatives. *Scientific American*. Retrieved from http://www.scientificamerican .com/article/calling-truce-political-wars/

Luguri, J. B., Napier, J. L., & Dovidio, J. F. (2012). Reconstruing intolerance: Abstract thinking reduces conservatives' prejudice against nonnormative groups. *Psychological Science, 23*(7), 756–763.

GLAAD. (2013). *2013 Network Responsibility Index*. Retrieved from http://glaad. org/ nri2013

GovTrack. (n.d.). Statistics and historical comparison. Retrieved from https://www. govtrack.us/congress/bills/statistics

第 6 章　进步

Huff, C. D., Xing, J., Rogers, A. R., Witherspoon, D., & Jorde, L. B. (2010). Mobile elements reveal small population size in the ancient ancestors of *Homo sapiens*. *Proceedings of the National Academy of Sciences, 107*(5), 2147–2152.

Chen, C., Burton, M., Greenberger, E., & Dmitrieva, J. (1999). Population migration and the variation of dopamine D4 receptor (DRD4) allele frequencies around the globe. *Evolution and Human Behavior, 20*(5), 309–324.

Merikangas, K. R., Jin, R., He, J. P., Kessler, R. C., Lee, S., Sampson, N. A., ...Ladea, M. (2011). Prevalence and correlates of bipolar spectrum disorder in the World Mental Health Survey Initiative. *Archives of General Psychiatry, 68*(3), 241–251.

Keller, M. C., & Visscher, P. M. (2015). Genetic variation links creativity to psychiatric disorders. *Nature Neuroscience, 18*(7), 928.

Smith, D. J., Anderson, J., Zammit, S., Meyer, T. D., Pell, J. P., & Mackay, D. (2015). Childhood IQ and risk of bipolar disorder in adulthood: Prospective birth cohort study. *British Journal of Psychiatry Open, 1*(1), 74–80.

Bellivier, F., Etain, B., Malafosse, A., Henry, C., Kahn, J. P., Elgrabli-Wajsbrot, O., ...Grochocinski, V. (2014). Age at onset in bipolar I affective disorder in the USA and Europe. *World Journal of Biological Psychiatry, 15*(5), 369–376.

Birmaher, B., Axelson, D., Monk, K., Kalas, C., Goldstein, B., Hickey, M. B., ...Kupfer, D. (2009). Lifetime psychiatric disorders in school-aged offspring of parents with bipolar disorder: The Pittsburgh Bipolar Offspring study. *Archives of General Psychiatry, 66*(3), 287–296.

Angst, J. (2007). The bipolar spectrum. *The British Journal of Psychiatry, 190*(3), 189–191.

Akiskal, H. S., Khani, M. K., & Scott-Strauss, A. (1979). Cyclothymic temperamental disorders. *Psychiatric Clinics of North America, 2*(3), 527–554.

Boucher, J. (2013). *The Nobel Prize: Excellence among immigrants.* George Mason University Institute for Immigration Research.

Wadhwa, V., Saxenian, A., & Siciliano, F. D. (2012, October). *Then and now: America's new immigrant entrepreneurs, part VII.* Kansas City, MO: Ewing Marion Kauffman Foundation.

Bluestein, A. (2015, February). The most entrepreneurial group in America wasn't born in America. Retrieved from http://www.inc.com/magazine/201502/adam-bluestein/the-most-entrepreneurial-group-in-america-wasnt-born-inamerica.html

Nicolaou, N., Shane, S., Adi, G., Mangino, M., & Harris, J. (2011). A polymorphism associated with entrepreneurship: Evidence from dopamine receptor candidate genes. *Small Business Economics, 36*(2), 151–155.

Kohut, A., Wike, R., Horowitz, J. M., Poushter, J., Barker, C., Bell, J., & Gross, E.

M. (2011). *The American-Western European values gap.* Washington, DC: Pew Research Center.

Intergovernmental Panel on Climate Change. (2014). IPCC, 2014: Summary for policymakers. In *Climate change 2014: Mitigation of climate change* (Contribution of Working Group III to the Fifth Assessment Report of the Intergovernmental Panel on Climate Change). New York, NY: Cambridge University Press.

Kurzweil, R. (2005). *The singularity is near: When humans transcend biology.* New York: Penguin.

Eiben, A. E., & Smith, J. E. (2003). *Introduction to evolutionary computing* (Vol. 53). Heidelberg: Springer.

Lino, M. (2014). Expenditures on children by families, 2013. Washington, DC: U.S. Department of Agriculture.

Roser, M. (2017, December 2). Fertility rate. *Our World In Data.* Retrieved from https://ourworldindata.org/fertility/

McRobbie, L. R. (2016, May 11). 6 Creative ways countries have tried to up their birth rates. Retrieved from http://mentalfloss.com/article/33485/6-creative-ways-countries-have-tried-their-birth-rates

Ranasinghe, N., Nakatsu, R., Nii, H., & Gopalakrishnakone, P. (2012, June). Tongue mounted interface for digitally actuating the sense of taste. In *2012 16th International Symposium on Wearable Computers* (pp. 80–87). Piscataway, NJ: IEEE.

Project Nourished—A gastronomical virtual reality experience. (2017). Retrieved from http://www.projectnourished.com

Burns, J. (2016, July 15). How the "niche" sex toy market grew into an unstoppable $15B industry. Retrieved from http://www.forbes.com/sites/janetwburns/2016/07/15/adult-expo-founders-talk-15b-sex-toy-industryafter-20-years-in-the-fray/#58ce740538a1

Lee, K. E., Williams, K. J., Sargent, L. D., Williams, N. S., & Johnson, K. A. (2015). 40-second green roof views sustain attention: The role of microbreaks in attention restoration. *Journal of Environmental Psychology, 42,* 182–189.

Mooney, C. (2015, May 26). Just looking at nature can help your brain work better, study finds. *Washington Post.* Retrieved from https://www.washingtonpost .com/ news/energy-environment/wp/2015/05/26/viewing-nature-can-help-your-brain-work-better-study-finds/

Raskin, A. (2011, January 4). Think you're good at multitasking? Take these tests. *Fast Company.* Retrieved from https://www.fastcodesign.com/1662976/think-youre-good-at-multitasking-take-these-tests

Gloria, M., Iqbal, S. T., Czerwinski, M., Johns, P., & Sano, A. (2016). Neurotics can't focus: An in situ study of online multitasking in the workplace. In *Proceedings of the 2016 CHI Conference on Human Factors in Computing Systems.* New York, NY: ACM.

Killingsworth, M. A., & Gilbert, D. T. (2010). A wandering mind is an unhappy mind. *Science, 330*(6006), 932–932.

Robinson, K. (2015, May 8). Why schools need to bring back shop class. *Time.* Retrieved from http://time.com/3849501/why-schools-need-to-bring-back-shop-class/

TINYpulse. (2015). *2015 Best Industry Ranking. Employee Engagement & Satisfaction Across Industries.*